理工系の数学入門コース
[新装版]

数値計算

理工系の
数学入門コース
[新装版]

▼

数値計算

NUMERICAL ANALYSIS

川上一郎

Ichiro Kawakami

An Introductory Course of
Mathematics for
Science and Engineering

岩波書店

理工系学生のために

数学の勉強は

現代の科学・技術は，数学ぬきでは考えられない．量と量の間の関係は数式で表わされ，数学的方法を使えば，精密な解析が可能になる．理工系の学生は，どのような専門に進むにしても，できるだけ早く自分で使える数学を身につけたほうがよい．

たとえば，力学の基本法則はニュートンの運動方程式である．これは，微分方程式の形で書かれているから，微分とはなにかが分からなければ，この法則の意味は十分に味わえない．さらに，運動方程式を積分することができれば，多くの現象がわかるようになる．これは一例であるが，大学の勉強がはじまれば，理工系のほとんどすべての学問で，微分積分がふんだんに使われているのが分かるであろう．

理工系の学問では，微分積分だけでなく，「数学」が言葉のように使われる．しかし，物理にしても，電気にしても，理工系の学問を講義しながら，これに必要な数学を教えることは，時間的にみても不可能に近い．これは，教える側の共通の悩みである．一方，学生にとっても，ただでさえ頭が痛くなるような理工系の学問を，とっつきにくい数学とともに習うのはたいへんなことであろう．

数学の勉強は外国などでの生活に似ている．はじめての町では，知らないことが多すぎたり，言葉がよく理解できなかったりで，何がなんだか分からないうちに一日が終わってしまう．しかし，しばらく滞在して，日常生活を送って近所の人々と話をしたり，自分の足で歩いたりしているうちに，いつのまにかその町のことが分かってくるものである．

数学もこれと同じで，最初は理解できないことがいろいろあるので，「数学はむずかしい」といって投げ出したくなるかもしれない．これは知らない町の生活になれていないようなものであって，しばらく我慢して想像力をはたらかせながら様子をみていると，「なるほど，こうなっているのか！」と納得するようになる．なんども読み返して，新しい概念や用語になれたり，自分で問題を解いたりしているうちに，いつのまにか数学が理解できるようになるものである．あせってはいけない．

直接役に立つ数学

「努力してみたが，やはり数学はむずかしい」という声もある．よく聞いてみると，「高校時代には数学が好きだったのに，大学では完全に落ちこぼれだ」という学生が意外に多い．

大学の数学は抽象性・論理性に重点をおくので，ちょっとした所でつまずいても，その後まったくついて行けなくなることがある．演習問題がむずかしいと，高校のときのように問題を解きながら学ぶ楽しみが少ない．数学を専攻する学生のための数学ではなく，応用としての数学，科学の言葉としての数学を勉強したい．もっと分かりやすい参考書がほしい．こういった理工系の学生の願いに応えようというのが，この『理工系の数学入門コース』である．

以上の観点から，理工系の学問においてひろく用いられている基本的な数学の科目を選んで，全8巻を構成した．その内容は，

1. 微分積分
2. 線形代数
3. ベクトル解析
4. 常微分方程式
5. 複素関数
6. フーリエ解析
7. 確率・統計
8. 数値計算

である．このすべてが大学1,2年の教科目に入っているわけではないが，各巻はそれぞれ独立に勉強でき，大学1年，あるいは2年で読めるように書かれている．読者のなかには，各巻のつながりを知りたいという人も多いと思うので，一応の道しるべとして，相互関係をイラストの形で示しておく．

　この入門コースは，数学を専門的に扱うのではなく，理工系の学問を勉強するうえで，できるだけ直接に役立つ数学を目指したものである．いいかえれば，理工系の諸科目に共通した概念を，数学を通して眺め直したものといえる．長年にわたって多くの読者に親しまれている寺沢寛一著『数学概論』(岩波書店刊)は，「余は数学の専門家ではない」という文章から始まっている．入門コース全8巻の著者も，それぞれ「私は数学の専門家ではない」というだろう．むしろ，数学者でない立場を積極的に利用して，分かりやすい数学を紹介したい，というのが編者のねらいである．

　記述はできるだけ簡単明瞭にし，定義・定理・証明のスタイルを避けた．ま

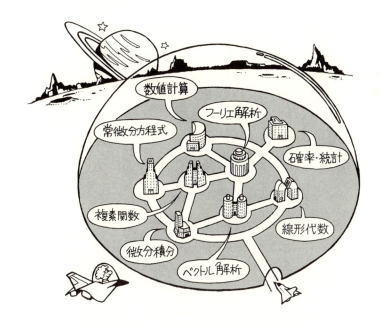

た，概念のイメージがわくような説明を心がけた．定義を厳正にし，定理を厳密に証明することはもちろん重要であり，厳正・厳密でない論証や直観的な推論には誤りがありうることも注意しなければならない．しかし，'落とし穴'や'つまずきの石'を強調して数学をつき合いにくいものとするよりは，数学を駆使して一人歩きする楽しさを，できるだけ多くの人に味わってもらいたいと思うのである．

すべてを理解しなくてもよい

この『理工系の数学入門コース』によって，数学に対する自信をもつようになり，より高度の専門書に進む読者があらわれるとすれば，編者にとって望外の喜びである．各巻末に添えた「さらに勉強するために」は，そのような場合に役立つであろう．

理解を確かめるため各節に例題と練習問題をつけ，さらに学力を深めるために各章末に演習問題を加えた．これらの解答は巻末に示されているが，できるだけ自力で解いてほしい．なによりも大切なのは，積極的な意欲である．「たたけよ，さらば開かれん」．たたかない者には真理の門は開かれない．本書を一度読んで，すぐにすべてを理解することはたぶん不可能であろう．またその必要もない．分からないところは何度も読んで，よく考えることである．大切なのは理解の速さではなく，理解の深さであると思う．

この入門コースをまとめるにあたって，編者は全巻の原稿を読み，執筆者にいろいろの注文をつけて，再三書き直しをお願いしたこともある．また，執筆者相互の意見や岩波書店編集部から絶えず示された見解も活用させてもらった．今後は読者の意見も聞きながら，いっそう改良を加えていきたい．

1988年4月8日

編者　戸　田　盛　和

広　田　良　吾

和　達　三　樹

はじめに

　数値計算の歴史は古い．人類の文明の歴史と共に始まったであろう．われわれは子供のころ数えることを教わって以来，毎日のように数値計算を実行している．いまさら数値計算でもあるまいと思う人がいても不思議はない．

　しかし，数値計算法が数学の重要な1分野として確立したのはそれほど古いことではない．いうまでもなくコンピュータの発達と軌を一にしている．科学・技術の発達は数値計算の量の増大をうながしたが，その量はコンピュータを利用して初めてこなし得るものであった．計算量が増大すると誤差も増大して計算結果の信頼性を損なう．コンピュータの速度が上がると，もっと大型の計算もできないか，もっと高速の数値計算法はないかと考えはじめる．こうして，コンピュータと数値計算法の両方の発達が互いに影響を及ぼしあって，双方の発達をうながしてきた．とくにこの10年はこの傾向がいちじるしい．いまや数値計算法は，学問の1分科としての市民権を持ち，計算数学，計算物理学，その他計算何何学という名の新しい分野がつぎつぎと生まれた．そして，大学・高等専門学校教育の中にも，数値計算法，数値解析などがなくてはならない学科目として登場するに至っている．

　本書は，こうした意味の数値計算をこれから学ぼうとする人びとのために書いたものである．予備知識は，大学初年級の線形代数や微分積分などの数学の

x ——— は じ め に

知識があればよい．本書の最初のうちは，鉛筆だけあればよいが，実地に数値
計算を始めるときには，電卓を用意してもらいたい．実際に簡単な例題で数値
計算を行なって見なければ，数値計算の面白味はわからないだろう．コンピュ
ータの予備知識はとくに必要としない．むしろ，最初はコンピュータをいきな
り使わないで，筆算や電卓で苦労しながら手順をのみこんだ方が，あとでコン
ピュータの有難味がよくわかるだろう．例題や問題のほとんどは，筆算と電卓
で実行できるものを選んである．

　しかし，本書の最終の目的は，手順をプログラムにつくり，コンピュータで
数値計算を実行できるようになることにある．そのために，手順を PAD とよ
ばれる図形で表わすことにし，PAD に書き込む式(文)は FORTRAN 言語を
採用した．PAD は近いうちに国際規格として採用されることになっている便
利で有用な図形である．この PAD の説明のために第 2 章を設けた．プログラ
ムを書くコンピュータ用の言語には BASIC や FORTRAN などたくさんあり，
そのほか最近は PASCAL や C などもよく用いられる．それでも，科学・技術
計算用に最も適しているのは，やはり FORTRAN であろう．実際，科学・技
術計算専用につくられた計算機であるスーパーコンピュータには FORTRAN
以外の言語は使われていない．人間の言葉にもいろいろあるように，コンピュ
ータの言語も使用目的によって得意不得意がある．本書では，FORTRAN を
用いることを前提とした．理工系の大学・高専にはコンピュータに関する授業
があるから，FORTRAN をまったく知らない人はあまりいないと思われるが，
ふつうの数学の式と FORTRAN の文と混同しやすい代入文などについては，
第 2 章でふれた．本書の巻末には，FORTRAN のプログラムの例を掲載して
あるので，必要なときには参照するとよい．本書では，FORTRAN そのもの
の解説は行なわない．

　内容をごく簡単に説明しよう．第 1 章は，数値計算に使われる数値について
説明する．数値計算という劇に登場する劇中人物の紹介である．これから上演
される劇の人物について知っておくことは，つまらない誤解を生じないために
必要である．とくにこの人物につきまとう誤差という影の存在を覚えておいて

いただきたい．第2章は，数値計算の手順(アルゴリズム)と上に述べた PAD についての説明を行なう．すっきりした分かりやすい手順をつくったりプログラムを書いたりするための準備である．

第3章は，単独の非線形方程式の数値解法を取り上げる．非線形方程式とは，1次方程式ではない方程式である．単独1次方程式を解くのは簡単だから，とくに説明はいらない．第4章では，連立1次方程式の数値解法を説明する．本書の例題には，せいぜい4元1次連立方程式までしか取り扱っていないが，手順は100元以上の大型の方程式を解けることをめざす．ここでは，基本的な4つの方法について述べる．

第5章は，数値積分である．解析的にはとても不可能な複雑な関数であっても，数値計算で積分する方法を示す．最後の第6章では，常微分方程式の数値解法である．この章の最後には，連立の常微分方程式が解けるようになるが，このあたりでは筆算では追いつかなくなり，コンピュータがほしくなるはずである．

本書の目的は，数値計算の経験のない人が，できるだけすんなりと抵抗なく，コンピュータによる数値計算に入っていけるように配慮した．そのために，ふつうの数学の教科書にあるような定義・定理・証明の積み重ねの伝統的配列の形式をとらなかった．そのかわりに，あげられた例によって読者が納得できれば先に進めるようにした．幸いにして，著者の勤務する日本大学理工学部物理学科の学生に対する数値解析の授業の経験が参考になった．

この目的に沿うためもあって，数値計算のすべての内容には立ち入らなかった．たとえば，非線形方程式の解法については，実解だけを求める方法に限った．代数方程式の複素解を求める方法はいくつかあるが，本書ではふれていない．また，連立1次方程式の数値解法は基本的な4つの方法であるガウスの消去法，LU 分解法，ヤコビ法，ガウス・ザイデル法にとどめた．そのほかにも SOR 法，共役勾配法などがある．さらに，常微分方程式の解法には予測子・修正子法もあるが，本書では割愛した．また，行列の固有値問題の解法はまったくふれていない．これらの解法については，本書巻末の「さらに勉強するため

xii ── は じ め に

に」の書物を参照していただきたい．いずれも容易に手にはいる本である．

　著者と数値計算とのかかわり合いは，学生時代に始まった．そのころはコンピュータなどなかった．手回しの歯車式のタイガー計算機の時代であった．実験観測データの整理を研究室で徹夜でおこなったこともある．その計算たるや，せいぜい平均をとったり標準偏差を求めたりするくらいが関の山であった．方程式を解くなどという高級なことは考えもしなかった．一人前の研究者になりかけたころ，大会議室いっぱいにやっと入る規模のトランジスタのコンピュータが使えるようになった．記憶容量は現在のパソコンの10分の1以下であったが，ちょっとした連立1次方程式を解くことができた．その1958年ころ，共同研究所である名古屋大学プラズマ研究所のプロジェクトの理論部門を受け持つことになり，偏微分方程式をコンピュータで解いてシミュレーションをすることを思い立った．とはいうものの，どのように計算したらよいか，誰に聞いたら教えてくれるかも全くわからず，すべて試行錯誤であった．その上，この計算をする能力をもったコンピュータは，商業ベースの計算機しかなかった．期待した結果をようやく得たとき，計算費の赤字は当時の私の年間給与に近い額に達して真っ青になったものである．外国でも，1960年ごろ米，英，独でプラズマのコンピュータ・シミュレーションが始まっていた．遠い過去を振り返ると思い出すことが多くあり，感無量である．

　本書の執筆にあたって，本コースの編者である戸田盛和，広田良吾，和達三樹先生に多くの点でご教示をいただいた．また，他の巻の執筆者の諸先生方からも，多くの貴重なご意見をいただいた．ここにお礼を申し上げたい．さらに，岩波書店編集部の片山宏海氏には，本書を読みやすいものにする上で，たいへんお世話になった．本書が多少とも読者の役にたつならば，これらの方々のおかげである．

　　1989年1月

　　　　　　　　　　　　　　　　　　　　　　　川 上 一 郎

目次

理工系学生のために

はじめに

1 数値計算と数値 ・・・・・・・・・・・・ 1

1-1 計算機と数値・・・・・・・・・・・ 2

1-2 絶対誤差と相対誤差・・・・・・・・・ 11

1-3 丸めの誤差と打切り誤差・・・・・・・ 14

第1章演習問題 ・・・・・・・・・・・・・ 19

2 数値計算の手順とPAD ・・・・・・・・ 21

2-1 数値計算の手順・・・・・・・・・・・ 22

2-2 PADと構造化プログラミング ・・・・・ 24

2-3 PADの制御構造 ・・・・・・・・・・ 30

第2章演習問題 ・・・・・・・・・・・・・ 37

3 非線形方程式とニュートン法 ・・・・・ 39

3-1 ニュートン法・・・・・・・・・・・・ 40

3-2 ニュートン法の収束性と初期値・・・・・ 44

第3章演習問題 ・・・・・・・・・・・・・・ 50

4 連立1次方程式 ・・・・・・・・・・・ 53

4-1 連立1次方程式と数値計算法・・・・・・・ 54

4-2 ガウスの消去法・・・・・・・・・・・・ 61

4-3 *LU*分解法・・・・・・・・・・・・・・ 77

4-4 ヤコビ法・・・・・・・・・・・・・・・ 90

4-5 ガウス・ザイデル法・・・・・・・・・・ 95

第4章演習問題 ・・・・・・・・・・・・・・107

5 数値積分 ・・・・・・・・・・・・・・・109

5-1 等間隔分点の積分公式・・・・・・・・・・110

5-2 不等間隔分点の積分公式・・・・・・・・・125

第5章演習問題 ・・・・・・・・・・・・・・134

6 常微分方程式・・・・・・・・・・・・・137

6-1 常微分方程式・・・・・・・・・・・・・・138

6-2 オイラー法・・・・・・・・・・・・・・・141

6-3 ルンゲ・クッタ型公式・・・・・・・・・・153

第6章演習問題 ・・・・・・・・・・・・・・165

さらに勉強するために ・・・・・・・・・・・167

問題略解・・・・・・・・・・・・・・・・・171

付録 本書の主な数値計算プログラム ・・・・・179

  3.1 平方根を求めるニュートン法 180

  4.1 ガウスの消去法による連立1次方程式の
     数値解法 180

  4.2 *LU*分解法による連立1次方程式の数値
     解法 183

  4.3 ヤコビ法による連立1次方程式の数値解

目　　次 ——— xv

　　　法　　185

4.4　ガウス・ザイデル法による連立1次方程
　　式の数値解法　　188

5.1　台形公式による数値積分　　190

5.2　シンプソンの公式による数値積分　　192

5.3　ガウスの積分公式による数値積分　　193

6.1　ルンゲ・クッタ・ジル法による連立微分
　　方程式の数値解　　196

索引 ・・・・・・・・・・・・・・・・・・・・199

コーヒー・ブレイク

最初のコンピュータ　　*20*

ソフトウエアの危機　　*38*

コンピュータと初等関数の値　　*52*

ニュートンとガウス　　*75*

ソートの手順　　*135*

リチャードソンの夢　　*165*

カット＝浅村彰二

1

数値計算と数値

われわれは幼いころから数を扱っている．数を数えることから始まって，加減乗除の計算をすることができる．さらに，数を文字や記号で表わす代数や幾何，それにいまや微分積分までも学んでいる．これらの知識を基礎に，もういちど数値計算を見直してみよう．そして，コンピュータを使って大型で複雑な問題を解くことを目指したい．それにはまず，数が数値計算でどのように扱われているかを知り，数を使った演算の仕組みを理解する必要がある．

1-1 計算機と数値

いろいろな計算

われわれはふだん，日に何回となく計算を行なっている．ほとんどはごく簡単な計算で，暗算でことたりる．紙に書いて筆算することもあるが，安価になった電卓はいたるところでよく使われている．そろばんや計算尺は最近あまりみかけなくなったが，便利なものである．

学生実験の整理くらいなら電卓で何とか間に合うが，すこしこみいった計算になると，プログラムをつくってパソコンに計算させることになる．理学や工学などの現場で必要となる計算には，その目的に応じて，ミニコンや大型のコンピュータ，さらにはスーパーコンピュータが用いられる．現在のスーパーコンピュータは，16桁の数の加減乗除を1秒間に数億回ないし数十億回も行なうことができる．

上でのべた計算はいずれも，数値だけを使って，これを足したり引いたり，あるいは掛けたり割ったりして計算する．このような計算を，とくに数値計算という．これに対して，代数や微分積分の計算では，必ずしも数値は必要とされない．このような計算を，ここでは理論計算といっておこう．

たとえば，半径 a の円の面積 S は，$S=\pi a^2$ と表わされる．この公式は，理論計算によって円の方程式 $x^2+y^2=a^2$ を積分して得られる．ここに出てきた π は円周率であり，数値としては3.141592653… と無限につづく無理数である．半径 a が 5/9 cm であるとすれば，これも数値としては，0.5555… と無限につづく有理数である．この公式を使って，数値計算によって円の面積を数値的に求めようとすると，$\pi=3.1416$ とか $a=0.55556$ とかの有限の桁数で計算することになる．このように，理論計算は無限桁計算であり，数値計算は有限桁計算である．実用上必要な精度をもつ答えは，それに見合った桁数を取ることによって数値計算で求められる．つまり，数値計算は理論計算の近似値を求めているのである．真の値と近似値との差を**誤差**という．誤差が十分に小さければ，

数値計算の結果を実用に供して何ら差し支えない.

　一方,理学や工学の分野では理論計算ではとうてい答えが得られないものがある. 代数方程式,連立1次方程式,行列式,行列の固有値,微分,積分,微分方程式などは,すこし大型であったり,複雑であったりすると,理論計算では答えは求まらない. 理学や工学の分野に現われる実際の問題は,ほとんど全部といってよいくらい,理論計算によって答えを求めることはできない. これらの問題は,数値計算によって解くしか仕方がない.

　ところが,数値計算なら簡単にいくかというと,ここにも問題がある. 理論計算によってつくられた公式のほとんどは,基本的であるかもしれないが,簡単で小型のものに限られている. 大型の問題にも適用可能な公式は,数値計算をするにはあまり役に立たない. たとえば,10元連立1次方程式を解くためにクラメルの公式を使うとすれば,約 3.6×10^8(3億6000万)回の乗除算が必要である. 演算回数が多いと手間がかかるだけでなく精度も落ちる. 数値計算のためには,発想の転換が必要である.

　本書ではまず,コンピュータによる数値計算に必要な基礎知識を概観する. 数値はコンピュータにどのように記憶されているか. また記憶されている数値を使って,どのように計算が行なわれるか. こういったことから説明しよう.

数値の記憶

　整数型数値と実数型数値　コンピュータは数値を記憶し,記憶された数値と数値の間で加減乗除の演算を行なったり,2つの数値の比較を行なう. 数値計算を学ぼうとするとき,まずはじめによく理解しなければならないことは,コンピュータが数値をどのような形式で記憶し,また加減乗除や比較の演算をどのように行なうか,そのメカニズムである.

　コンピュータが数値を記憶する形式には,大きく分類して,**整数型**と**実数型**の2つがある. 整数型の数値とは,0および正負の整数をいう. たとえば,われわれが日常使っている10進数でいえば

$$0 \qquad 255 \qquad -65535 \qquad 2147483647$$

などである. すなわち,数値の大きさ(絶対値)と符号できまり,小数点以下の

4 ——— **1** 数値計算と数値

値をもたない数である.

実数型の数値は,小数点をもった数値で,10進数でいえば

$$0.1 \qquad -25.30 \qquad 3.1416\times10^2 \qquad -1.2345\times10^{-5}$$

のように,符号・小数点と何桁かの数字によって表わされる数である.先頭に出てくる0(たとえば0.1の0)以外の数字を**有効数字**という.たとえば,0.1の有効数字は1,-25.30は2530,3.1416×10^2は31416,-1.2345×10^{-5}は12345である.実数型の数は,小数点をつけた有効数字に10の何乗かをつけてやることにより,非常に大きい数から小さい数まで,広範な数を表わすことができる.たとえば,1.2345×10^{80}と1.2345×10^{-40}とは,同じ有効数字をもつ大きな数と小さな数である.

整数型の数値の小数点を明示しようとすると,1の位のうしろにつけることになり,小数点の位置はきまっている.すなわち**固定小数点**である.きまっているから整数型の数値には小数点をつけないことにする.一方,実数型の数値では小数点の位置はきまっていないから,必ず小数点を明確につける必要がある.実数型の数値は**浮動小数点数**ともいう.

整数型数値の記憶 コンピュータのなかでは,整数型の数値は2進数に変換されて記憶される.2進数は,符号を除けば,0と1だけで表わされる数であるから,0からはじまり1ずつ加えていって,2になれば**桁上り**(carry)するような数である(10進数が10になれば桁上りすることを思い出してもらいたい).2進数であることをはっきり示すために,小さな数字2を数値のうしろにつけて表わすことがある.たとえば,

$$0_2 \quad 1_2 \quad 10_2 \quad 11_2 \quad 100_2 \quad \cdots \tag{1.1}$$

などである.これらは順に,10進数の

$$0 \quad 1 \quad 2 \quad 3 \quad 4 \quad \cdots \tag{1.2}$$

と同じ大きさの数である:

$$0_2=0 \quad 1_2=1 \quad 10_2=2 \quad 11_2=3 \quad 100_2=4 \quad \cdots\cdots \tag{1.3}$$

2進数の各桁(0または1)を**ビット**(bit)という.ビットは「2進数の各桁」という意味の英語 binary digit を省略してつくられた語である.

1-1　計算機と数値 ——— 5

　コンピュータの記憶容量は有限であるから，整数型の数値の場合，桁数をそんなに大きくとることはできない．符号も合わせて32ビットが限度である．（あとでのべるように，実数型の場合には32ビットと64ビットの2通りがある．）したがって整数型の場合，絶対値が最小の数は，32ビット全部を使って

$$\pm 0000000000000000000000000000000_2 \tag{1.4}$$

である．0は31個ある．この数は10進数でも0である．一方，絶対値が最大の整数型の数は

$$\pm 1111111111111111111111111111111_2 \tag{1.5}$$

である．これも1の数は31個ある．最下位（いちばん右の桁）の1は$2^0=1$を表わし，最上位（いちばん左の桁）の1は$2^{30}=1073741824$である．この最大値は10進法で，等比級数の和

$$2^0+2^1+2^2+\cdots+2^{30} \quad (31項の和)$$

として求められるが，もっとうまいやり方がある．この数に1を加えると，最下位から第31位までのビットが桁上りのためにつぎつぎに0となり，第32位の桁（2^{31}を表わす）が1になるから，求める最大値は

$$2^{31}-1 = 2147483647$$

になる．整数で行なうふつうの計算では，この値は十分大きな値である．

　整数型の数値の符号も，コンピュータでは0または1を用いて表わす．ふつうは0が＋（プラス），1が－（マイナス）である．結局，整数型の最大数は

$$01111111111111111111111111111111_2 = 2^{31}-1 \tag{1.6}$$

また最小数は

$$11111111111111111111111111111111_2 = -(2^{31}-1) \tag{1.7}$$

である．

16進法　さて，もうこのあたりで読者は0と1の数字（ビット）を数えるのにあきてきたかもしれない．われわれが日常使用している10進数の方が桁の数がはるかに少ないから，ずっと見やすいことに気がついたであろう．実際そのとおりである．そこで，桁数を少なくし，しかもビットの配列を比較的容易に見ることができる表記法はないものか，ということになる．その答えの1つと

6 ——— **1** 数値計算と数値

して，いくつかのビットをまとめて 1 つの数字に対応させる方法がある．32 ビットの 2 進数の最下位から 4 ビットずつをまとめてみる．たとえば，

$$|0000|0001|0011|0100|0110|0111|1010|1111|_2 \qquad (1.8)$$

という具合である．そうしておいて，最上位の 4 ビットの 0000 は，$0000_2 = 0$ であるから 10 進数の 0 に対応させる．2 番目は $0001_2 = 1$ であるから 1 に対応させる．同様にして上の 2 進数を次のように書き改める．

$$| \ 0 \ | \ 1 \ | \ 3 \ | \ 4 \ | \ 6 \ | \ 7 \ | \ 10 \ | \ 15 \ | \qquad (1.9)$$

これで桁数は 32 から 10 に減少した．ビットパターンを知りたくなったときには，0, 1, 3, 4, 6, 7, 10, 15 を 2 進数に再変換してやればよい．このとき，最上位の 0 に対応する 0000_2 の最上位のビットの 0 は，正の符号を表わしていることを忘れてはいけない．

さて，上の例において，上位 6 つの区間は，0, 1, 3, 4, 6, 7 の 1 桁の 10 進数になるが，最下位の 2 つは 10, 15 と 2 桁の 10 進数になる．そのため，上の区切りをはずしてしまって

$$0134671015$$

とすると，もとのビットの配列がわからなくなる．なぜなら，この配列は

$$| \ 0 \ | \ 13 \ | \ 4 \ | \ 6 \ | \ 7 \ | \ 1 \ | \ 0 \ | \ 15 \ | \qquad (1.10)$$

のように区切ることもできるし，どう区切るべきかがただ 1 通りに決められないからである．

そこで区切りをはずす前の 1 つ 1 つの区間の中の数字をすべて 1 桁で表わすことを考えよう．4 ビットの数は，$0000_2 = 0$ から $1111_2 = 15$ までである．0 から 9 までの 10 個の数を用いてすべての数を表わすのが 10 進法であり，0 と 1 の 2 個の数を用いてすべての数を表わすのが 2 進法である．したがって，0 から 15 までの 16 個の数を用いるのは 16 進法である．この 16 進法を使えば，上の目的に適うことになる．

16 進法の 1 桁は，16 個の文字

$$0 \quad 1 \quad 2 \quad 3 \quad 4 \quad 5 \quad 6 \quad 7 \quad 8 \quad 9 \quad A \quad B \quad C \quad D \quad E \quad F \qquad (1.11)$$

で表わす．0 から 9 まではそのまま 10 進法の数字を用い，10 以上については，

$$A_{16} = 1010_2 = 10 \qquad B_{16} = 1011_2 = 11 \qquad C_{16} = 1100_2 = 12$$
$$D_{16} = 1101_2 = 13 \qquad E_{16} = 1110_2 = 14 \qquad F_{16} = 1111_2 = 15 \tag{1.12}$$

と英字 A〜F によって16進数1桁を表わす. この記法によれば, (1.9)の例は,

$$013467AF_{16} \tag{1.13}$$

である. このように, 16進法を用いれば, コンピュータに記憶されている様子がまとまった形でよくわかる.

これまで述べたように, 整数型数値は小数点以下の値をもたない. したがって, 0.1 とか 0.5 は整数型としては記憶できない. たとえば, 整数型数値である 1 と 2 を使って1/2 の演算を行なうと, その結果は 0 となり, 0.5 とはならない. コンピュータはこのような場合, 小数点以下を切り捨ててしまった上で, 整数型の形式で記憶するからである. たとえば,

$$1/2 \quad \text{は} \quad 0$$
$$3/2 \quad \text{は} \quad 1 \tag{1.14}$$

となる. したがって, 整数型だけでいろいろな計算を行なうことはできないことが分かる. そこで登場するのが実数型の記憶方式である.

実数型数値の記憶　小数点をもった数値が **実数型数値** である. 10進法でいえば,

$$1.234567 \qquad -123.4567 \qquad 0.01234567 \times 10^5$$

などが実数型数値として記憶される. 実際の計算に出てくる実数型数値としては, 小数点以下の数値のほかに, 10^{20} とか 10^{70} といった大きな値から 10^{-20} とか 10^{-70} といったごく小さな値まで, さまざまの数値がある. このように, 実数型数値は広い範囲の値をとるから, これを統一的形式で記憶するためには, 一工夫を要する. すなわち, 実数型数値は,

$$\text{正負の符号・有効数字・指数}$$

の形式で記憶する. たとえば, 10進法でいえば,

$$1.234567 \qquad \text{は} \quad +0.1234567 \times 10^1$$
$$-123.4567 \qquad \text{は} \quad -0.1234567 \times 10^3 \tag{1.15}$$
$$0.01234567 \times 10^5 \quad \text{は} \quad +0.1234567 \times 10^4$$

8 —— **1** 数値計算と数値

のように整理した形で表わすことができる．これら3つの数値の符号は，正・負・正であり，有効数字は，いずれも 1234567 であり，10 の指数は，1, 3, 4 である．

このように，実数型数値は，符号，有効数字，指数の3つの数値によって完全に表わすことができる．ただし，実際のコンピュータにおいては，10 進法ではなくて 16 進法を用いている．16 進法では，実数型数値の記憶形式は，

$$\pm(0.a_1 a_2 a_3 a_4 a_5 a_6)_{16} \times 16^b \tag{1.16}$$

である．ここで，$a_i (i=1, 2, \cdots, 6)$ は 16 進数の1桁(2進数の4ビット)を表わしており，0〜F までのいずれか1つの数字である．したがってここで表わす数値は，10 進法に直すと

$$\pm \left(\frac{a_1}{16} + \frac{a_2}{16^2} + \frac{a_3}{16^3} + \frac{a_4}{16^4} + \frac{a_5}{16^5} + \frac{a_6}{16^6} \right) \times 16^b \tag{1.17}$$

である．

さて，実際に (1.16) によって数値をかくときには，小数点の次の数値 a_1 が 0 とならないようにかかなくてはいけない．もし a_1 が 0 であれば，a_2 を左につめる．a_2 も 0 であれば a_3 を左につめる．以下同様にして，小数点の次には 0 でない数値がくるようにつめていく．このことを**正規化**(normalization)**する**という．このとき，左に 16 進数 1 桁つめるごとに b は 1 へる．たとえば，

$$0.0123AB_{16} \times 16^5 = 0.123AB0_{16} \times 16^4 \tag{1.18}$$

である．b の値はふつう 7 ビットの 2 進数に変換されて記憶される．したがって b のとりうる値は $-64 \leqq b \leqq 63$ である．このようにして，実数型数値の絶対値は，$a_1 = a_2 = \cdots = a_6 = 0$ のとき最小値 0 となり，$a_1 = a_2 = \cdots = a_6 = F_{16} = 15$ かつ $b = 63$ のとき最大値

$$\left(\frac{15}{16} + \frac{15}{16^2} + \frac{15}{16^3} + \frac{15}{16^4} + \frac{15}{16^5} + \frac{15}{16^6} \right) \times 16^{63}$$

$$= \left(1 - \frac{1}{16^6} \right) \times 16^{63} \doteqdot 16^{63} \doteqdot 7 \times 10^{75} \tag{1.19}$$

である．コンピュータは，この最大値より大きい絶対値を記憶することはでき

ない．演算の結果この値より大きい値が生じようとしたとたん，コンピュータはオーバーフロー(overflow)といわれる状態となり，答えは正しいとは保証されなくなる．したがって，$10^{50} \times 10^{51}$ のような演算はしてはならない．

最小値 0 の次に絶対値の小さな数は，$a_1 = 1$，$a_2 = a_3 = a_4 = a_5 = a_6 = 0$ でかつ $b = -64$ のときおこる．このときの値は

$$\frac{1}{16} \times 16^{-64} = 16^{-65} \fallingdotseq 5 \times 10^{-79} \tag{1.20}$$

である．この値より小さい値を記憶させようとすると，コンピュータはアンダーフロー(underflow)の状態になる．多くのコンピュータにおいては，演算結果を 0 にしてしまう．たいていの場合 0 にしてしまっても差し支えないからである．したがってコンピュータにとっては，$10^{-50} \times 10^{-50} = 0$ である．

また，このアンダーフローによって，演算の順序によって答えが変わることがあるので，注意しなければいけない．

$$(10^{-50} \times 10^{-40}) \times 10^{60} = 0$$
$$10^{-50} \times (10^{-40} \times 10^{60}) = 10^{-30} \tag{1.21}$$

この例のように，数値計算(有限桁演算)においては理論(無限桁演算)どおりの結果が期待できないことがある．

符号・仮数部・指数部　実数型数値の記憶の形式

$$\pm (0.a_1 a_2 a_3 a_4 a_5 a_6)_{16} \times 16^b \tag{1.22}$$

によって，ある数値を実際にコンピュータに記憶させることを考えよう．このとき，「0.」とか指数の底の「16」とかはすべての実数型数値に対して共通であるから，あえて記憶させなくてもよい．したがって記憶させなければならないのは，符号と，$a_1 a_2 a_3 a_4 a_5 a_6$ と，b である．符号は 1 ビットあればよい．a_1 から a_6 までは $6 \times 4 = 24$ ビット必要である．また b は 7 ビット使うのがふつうである．したがって，実際のコンピュータでは

$$\pm b a_1 a_2 a_3 a_4 a_5 a_6 \tag{1.23}$$

という形で，32 ビット($1 + 7 + 4 \times 6$)に記憶されている．1 つの実数型数値の記憶領域 32 ビットのうち，$\pm$($+$ は 0，$-$ は 1)の 1 ビットを**符号**，b の 7 ビット

10 ——— **1** 数値計算と数値

の部分を **指数部**(exponent)，$a_1a_2a_3a_4a_5a_6$ の 24 ビットを **仮数部**(mantissa) という．符号部は数値の符号，指数部は数値の概略の大きさ，仮数部は有効数字を表わしている．

仮数部は 24 ビット使っており，これは 2 進数の 24 桁であり，16 進数の 6 桁である．これは，われわれの日常使用している 10 進数では何桁であろうか．2 進数の 24 桁は 10 進数の d 桁に相当するとすれば，

$$10^d = 2^{24} \qquad (1.24)$$

である．この両辺の常用対数をとれば

$$d = 24 \log 2 \fallingdotseq 24 \times 0.301 \fallingdotseq 7.2 \qquad (1.25)$$

であり，10 進 7 桁である．

前に述べたように，仮数部は 16 進法で先頭の a_1 が 0 にならないように正規化されるから，$a_1 = 1_{16} = 0001_2$ によって，2 進法では a_1 の先頭の 3 ビットは 0_2 になることがありうる．したがって仮数部で使用されるのは $24-3=21$ ビットである．このことを考慮すると，(1.24)はむしろ

$$10^d = 2^{21} \qquad (1.26)$$

とすべきである．このときには，

$$d = 21 \log 2 \fallingdotseq 21 \times 0.301 \fallingdotseq 6.3 \qquad (1.27)$$

であり，10 進 6 桁であると考えた方が安全である．

6 桁の精度というのは，ふつうの数値計算では十分よいと考えられる．しかし，演算回数が多い大型計算においては，小さな誤差でもそれがたまってくると，6 桁では不足することがある．そのために，実数型の場合は，現在では 32 ビットの倍の 64 ビットの，倍精度の数値を用いることの方が多くなっている．倍精度においては，図 1-1 に示すように，符号と指数部はそのまま 1 ビットおよび 7 ビットを用いて，仮数部を $24+32=56$ ビットとしている．このときの 10 進有効数字は

$$d = (56-3) \log 2 \fallingdotseq 15.9$$

で 15 桁である．32 ビットの実数型数値を **単精度** の数値，64 ビットの実数型数値を **倍精度** の数値であるという．図 1-1 にそれぞれの記憶形式を示す．

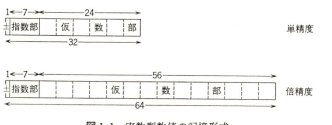

図1-1 実数型数値の記憶形式

============================ 問 題 1-1 ============================

1. 次の10進数を2進数で表わせ．また得られた2進数を16進数に変換せよ．
   (1) 0   (2) 4   (3) 7   (4) 8   (5) 16
   (6) 0.25 (7) 0.625 (8) 0.0625 (9) 1.0625 (10) 16.125

2. 次の16進数の加減算を行なえ．
   (1) $123_{16}+456_{16}$ (2) $469_{16}+1AD_{16}$ (3) $90B.58_{16}+25.B8_{16}$
   (4) $987_{16}-865_{16}$ (5) $100.FF_{16}-99.0F_{16}$

1-2 絶対誤差と相対誤差

　数値計算では有限桁の数値だけを取り扱うので，必ずといってよいほど誤差が生じる．数値計算の結果生じた誤差が，真の数値と比べて無視できないほど大きくなると，数値計算の結果は信頼できなくなる．ここで，誤差について一通り説明しよう．

　絶対誤差　ある数の真の値をaとし，その近似値をxとする．このとき，
$$e = x - a \tag{1.28}$$
を誤差(error)という．誤差の絶対値$|e|=|x-a|$を**絶対誤差**という．真の値aは通常わかっていないから，eも$|e|$も未知である．何らかの方法で絶対誤差がある正の(小さな)数ε(εはイプシロンと読む)よりさらに小さいことがわかったとき，すなわち

12 —— **1　数値計算と数値**

$$|e| = |x - a| \leqq \varepsilon \tag{1.29}$$

であるときには，真の値 a は，近似値 x を用いて，

$$x - \varepsilon \leqq a \leqq x + \varepsilon \tag{1.30}$$

の範囲にあることがわかる．ε が小さければ小さいほど，x は a に近い狭い範囲にあることになるので，ε を**誤差の限界**という．

　相対誤差　$|e|$ が小さい値（たとえば 1×10^{-7}）であっても，x または a が 1.0 であるときと 1×10^{-8} であるときでは，x の近似の程度には大きな違いがある．x が 1.0 のときに，$|e| = 10^{-7}$ であるとは x は真の値とは少なくとも 6 桁正しいことになる．一方，x が 1×10^{-8} のときには，a の最初の桁が 1 であるか 9 であるかさえ決まらない．そこで x の近似の程度を

$$e_{\mathrm{R}} = \frac{e}{a} = \frac{x - a}{a} \tag{1.31}$$

によって表わし，これを**相対誤差**という．実用的には，$e_{\mathrm{R}} = e/x$ として差し支えない．

　a または x の値が 0 からある程度はなれているときには，相対誤差を使って誤差を表わすのが実用的である．0 にきわめて近いときには，相対誤差の定義 (1.31) の分母が 0 に近いから，誤差は絶対誤差で表現する以外に方法はない．

　許容誤差　計算を行なうにあたっては，実際の計算をはじめる前に，誤差の限界を設定しておくことが多い．たとえば，面積 31.42 cm^2 の円の半径を求めようとするとき，半径を 1 mm まで正確に求める必要があれば，誤差の限界を 1 mm とする，という具合である．このような誤差の限界を**許容絶対誤差**という．「絶対誤差がこの値より小さくなれば，求めた近似値は真の値に十分近いとして採用しよう」という値が許容絶対誤差である．同じように，相対誤差についても**許容相対誤差**を考えることができる．許容絶対誤差を ε_{A}，許容相対誤差を ε_{R} とすれば，近似値 x が真の値 a に十分近いと判断する基準は

$$
\begin{aligned}
&|x - a| < \varepsilon_{\mathrm{A}} \quad \text{（許容絶対誤差）} \\
&\frac{|x - a|}{|x|} < \varepsilon_{\mathrm{R}} \quad \text{（許容相対誤差）}
\end{aligned}
\tag{1.32}
$$

1-2 絶対誤差と相対誤差 ——— 13

である. 工学的な実際の場合には, ε_R を用いた判断が実用的であるが, $|x|$ が
あまり小さすぎると左辺の計算でオーバーフローをおこしてしまう. その場合
は, 絶対誤差によるのがよい.

一般には, 計算してみなければ $|x|$ の大きさがわからないことや, $|x|$ の大き
いものや小さいものがまじって現われることがある. そこで許容絶対誤差と許
容相対誤差を組み合わせて,

$$|x-a| < \varepsilon_A + \varepsilon_R |x| \tag{1.33}$$

という式をつくり, これを判断の基準とするのが実際的である. 真の値 a は一
般には未知であるが, 何らかの方法で $|x-a|$ が推定できたとき, 求めた x が実
用上差し支えない程度に a に近いかどうか, これを判定できるとするのが, こ
の式である.

たとえば「10進で n 桁は正しい値が欲しい」ときには, 許容相対誤差 ε_R の大
きさは, $\varepsilon_R = 10^{-n}$ とすればよい. ε_R はふつう $\varepsilon_R = 10^{-5}$ から 10^{-10} の範囲である.

(1.33)において許容絶対誤差 ε_A は, $|x|$ が小さくなって, $\varepsilon_A \gg \varepsilon_R |x|$ となった
ときはじめて判定に入ってくる小さい数であればよい. したがって, 「現在使
用しているコンピュータで使用できる(0以外の)絶対値最小の値」を与える.
前に述べたようにこの値は 10^{-79} である. 実用上は $\varepsilon_A = 10^{-70}$ でもかまわない.
ε_A も ε_R も小さくなればなるほど, きびしい判定をしていることになる.

あるコンピュータの性能として可能な最小の相対誤差をマシン・イプシロン
といい, ε_M で表わす. そして, これを許容相対誤差として使うことがある. マ
シン・イプシロン ε_M は, 次のようにして求める. まず1からはじめてこれを
つぎつぎと半分にしていく. 同時に, 現われた数を1に加えてみる.

$$
\begin{aligned}
&\varepsilon = 1 && 1 + \varepsilon = 2 \\
&\varepsilon = 0.5 && 1 + \varepsilon = 1.5 \\
&\varepsilon = 0.25 && 1 + \varepsilon = 1.25 \\
&\quad\vdots && \quad\vdots \\
&\varepsilon = 2^{-24} && 1 + \varepsilon = 1 + 2^{-24} \\
&\varepsilon = 2^{-25} && 1 + \varepsilon = 1 + 2^{-25}
\end{aligned}
\tag{1.34}
$$

14 —— **1** 数値計算と数値

いま用いているコンピュータの仮数部が 24 ビットであると，$1+2^{-25}$ を記憶することができない．そのため，$1+\varepsilon$ は 1 になってしまう．$1+\varepsilon=1$ となってしまう 1 つ手前の ε が ε_M である．仮数部 24 ビットのコンピュータでは，$\varepsilon_M = 2^{-24} \doteqdot 6 \times 10^{-8}$ である．

〰〰〰〰〰〰〰〰〰〰〰〰〰〰〰〰〰〰〰〰〰 **問 題 1-2** 〰〰〰〰〰〰〰〰〰〰〰〰〰〰〰〰〰〰〰〰〰

1. 次の真値と近似値の場合，絶対誤差と相対誤差はいくらか．

   (1)   真値 26　　　　　　　　　　　　近似値　25.8

   (2)   真値 $\sqrt{2}$ (1.41421356…)　　　　近似値　1.414

   (3)   真値 m（電子の質量 $9.1091\cdots \times 10^{-28}$ g）　近似値　10^{-27} g

   (4)   真値 π（円周率 3.14159265…）　　近似値　3.1416

   (5)   真値 e（自然対数の底 2.718281828…）　近似値　2.718

2. 面積 S の円をコンパスで描くとき，S の相対誤差を 1% 以下にしたい．半径 r の相対誤差は何 % 以下でなければならないか．

〰〰

1-3　丸めの誤差と打切り誤差

丸めの誤差　1-1 節において，コンピュータの中では，実数型数値はすべて，符号，指数部，仮数部として記憶されると述べた．プログラムやデータとして，ある数値を 10 進数で与えたときも，また演算中の数値も，またもちろん最終結果も，コンピュータの中ではすべてこの形式に変換されている．この形式に変換することを**丸める**(rounding) といい，丸めるときに生ずる誤差を**丸めの誤差** (round off error) という．

仮数部の桁数は精度を表わすことは前に述べた．すなわち，仮数部は有限の桁数（単精度では 16 進 6 桁，倍精度では 16 進 14 桁）しかもたないため，たとえば無理数である $\sqrt{2}, \sqrt{3}$，π（円周率），e（自然対数の底）などは記憶のさい丸めの誤差をもつ．また，10 進数で有限な桁数である 0.1 であっても，コンピュ

1-3 丸めの誤差と打切り誤差 —— 15

ータが記憶するために2進数（または16進数）に変換すると

$$0.1 = 2^{-4}+2^{-5}+2^{-8}+2^{-9}+2^{-12}+2^{-13}+\cdots$$

$$= 0.000110011001\cdots_2$$

$$= 16^{-1}+9\times16^{-2}+9\times16^{-3}+\cdots$$

$$= 0.19999\cdots_{16} \tag{1.35}$$

というように無限循環小数になってしまう．これでは有限の桁数の仮数部には
入りきれないので，丸めの誤差を生ずる．こうして見ると，有限の桁数であっ
ても，10進数はほとんどすべて，ひとたび2進数（または16進数）に変換され
ると丸めの誤差を生ずることがわかる．丸めの誤差が生じない数値は，小数点
以下が0であるような数値（整数部分しかない数値）と，2進数（または16進数）
に直したときに仮数部の桁数内に入りきる数値だけである．

　これまでは記憶にさいして生ずる丸めの誤差について述べてきたが，演算に
おいても丸めの誤差が生じることがある．たとえば，仮数部が16進6桁（単精
度）の2つの数の加算

$$123.456_{16}+0.ABF987_{16} \tag{1.36}$$

を考えよう．これらの数値は，$0.123456_{16}\times16^3$ と $0.ABF987_{16}\times16^0$ という形式
で記憶されているが，加算にあたって，指数部3と0のうち，大きい方の3に
桁合せが行なわれる．すなわち，2番目の数値が

$$0.ABF987\times16^0 = 0.000ABF\times16^3 \tag{1.37}$$

と非正規化され，下位の3桁（987）が切り捨てられてしまう．ここで丸めの誤
差が生じる．そのあとで仮数部の和をつくる．10進数のときと同じように最
下位から順に桁上りを考慮しながら加えていく．

$$
\begin{aligned}
F_{16}+6_{16} &= 15+6 &&= 21 = 15_{16} &&\text{（桁上り）}\\
B_{16}+5_{16}+1_{16} &= 11+5+1 &&= 17 = 11_{16} &&\text{（桁上り）}\\
A_{16}+4_{16}+1_{16} &= 10+4+1 &&= 15 = F_{16}\\
0_{16}+3_{16} &= 0+3 &&= 3 = 3_{16}\\
0_{16}+2_{16} &= 0+2 &&= 2 = 2_{16}\\
0_{16}+1_{16} &= 0+1 &&= 1 = 1_{16}
\end{aligned}
\tag{1.38}
$$

16 ────── **1** 数値計算と数値

計算結果を整理すると，$0.123\mathrm{F}15_{16} \times 16^3$ となる．この数は正規化されているので，仮数部に $123\mathrm{F}15$ が，指数部に 3 が記憶される．

以上の手順を図1-2に示す．減算においても桁合せをすることは加算と同じである．

$$123.456_{16} = 0.123456_{16} \times 16^3 = 0.123456_{16} \times 16^3$$
$$0.\mathrm{ABF}987_{16} = 0.\mathrm{ABF}987_{16} \times 16^0 = \underline{0.000\mathrm{ABF}_{16} \times 16^3}$$
$$0.123\mathrm{F}15_{16} \times 16^3$$

図1-2 2つの実数型数値の加算

乗除算においては，桁合せはしないで，そのまま2つの数値の仮数部の乗除算と指数部の加減算が行なわれる．10進数の乗除算のときと同じく，結果は2倍の桁数になる．コンピュータの中では，2倍の桁数で乗除算を行ない，最後に正規化して丸める．このとき丸めの誤差を生じる．

桁落ち 丸めの誤差は，ほとんどすべての演算の結果生じる．誤差の大きさは通常，1回の演算について最終結果の最後の桁に狂いが生じる程度である．ところが，桁落ちとよばれる大きな誤差を生ずることがある．桁落ちは，絶対値のほぼ等しい2つの数の減算（正と負の数のときには加算）において生ずる．たとえば，$a = 3.14159$ と $b = 3.14158$ という2つの10進数の差は $a - b = 0.00001$ である．そしてこれは，0.1×10^{-4} と正規化される．a も b も10進6桁の有効数字をもっているのに対して，その差をとると1桁しかない．すなわち，$6 - 1 = 5$ 桁失われてしまっている．このように，ごく近い値をもつ2つの数の間の減算で有効数字が失われることを**桁落ち**といっている．

いま a, b の誤差の限界を $\varepsilon = 10^{-5}$ とすると，差の相対誤差の限界は

$$|e_\mathrm{R}| \doteqdot \left| \frac{(x-y)-(a-b)}{a-b} \right| \leqq \frac{|x-a|+|y-b|}{|a-b|}$$

$$\leqq \frac{10^{-5}+10^{-5}}{10^{-5}} = 2 \tag{1.39}$$

となって，誤差の限界 $\varepsilon = 10^{-5}$ と比べて非常に大きい．したがって，近接した2数の間の減算はなるべくさけるようにすべきである．

1-3 丸めの誤差と打切り誤差 —— 17

[例1] 2次方程式 $ax^2+2bx+c=0\,(a \neq 0)$ の 2 つの根

$$x_1 = \frac{-b+\sqrt{b^2-ac}}{a}$$

$$x_2 = \frac{-b-\sqrt{b^2-ac}}{a} \tag{1.40}$$

を求めることを考える. $b>0$ でかつ $b^2 \gg ac$ のときは $\sqrt{b^2-ac} \fallingdotseq |b|=b$ であるから, x_1 の分子に桁落ちがおこる. $b<0$ でかつ $b^2 \gg ac$ ならば x_2 の分子に桁落ちがおこる. 桁落ちを防ぐには, $b>0$ ならば上式の x_2 を求め, 根と係数の関係 $x_1x_2=c/a$ から

$$x_1 = \frac{c}{ax_2} \tag{1.41}$$

によって x_1 を求める. $b<0$ ならば (1.40) の x_1 を求め

$$x_2 = \frac{c}{ax_1} \tag{1.42}$$

とする. ▮

打切り誤差　関数 $f(x)=e^x$ を求めるときは, 関数電卓でもスーパーコンピュータでも, e^x の無限級数

$$e^x = 1+\frac{x}{1!}+\frac{x^2}{2!}+\frac{x^3}{3!}+\cdots \tag{1.43}$$

を計算している. しかし無限項の加算はできないから, 実際上は有限項で打ち切って求める. このように, 無限級数を有限項で打ち切って関数値を求めるときに生じる誤差を一般に**打切り誤差**(truncation error) という.

また, $y=f(x)$ の微分係数 dy/dx を数値的に求めるとき, y の差分 $\varDelta y$ を求めて商 $\varDelta y/\varDelta x$ をつくり, その上で $\varDelta x$ を小さくしていった極限を求めて dy/dx とする(すなわち微分法を用いる)ことはできない. なぜなら, コンピュータでは $\varDelta x$ も $\varDelta y$ も無限小にすることはできないし, $\varDelta x$ が小さくなると, 前に述べた桁落ちが生じてしまうからである. dy/dx と $\varDelta y/\varDelta x$ の差も, 打切り誤差の 1 つである.

同じようなことは数値積分においてもおこる. 積分とは,

18 ——— **1** 数値計算と数値

$$\int_a^b dx\, f(x) = \lim_{\varDelta x_i \to 0} \sum_i f(x_i) \varDelta x_i \qquad (1.44)$$

のように極限値を求めることである．有限桁計算しかできない数値計算では，$\varDelta x_i \to 0$ という極限をとることは不可能である．小区間 $\varDelta x_i$ についての 和は，$\varDelta x_i \to 0$ とするときには無限個の項の和になるが，有限の計算時間では完了しない．

　一般に，無限小とか無限大の極限として理論的(無限桁計算および無限時間計算)に与えられた量を，数値計算(有限桁計算かつ有限時間計算)をするために，有限で打ち切ったために生じる誤差を，打切り誤差という．

　数値計算法は，丸めの誤差と打切り誤差を評価して，許容誤差の範囲内におさえこむにはどのような算法を使うべきかを考察するもので，現代数学の一分野をなしている．

                           問　題 1-3

　1. いま 10 進数の実数を 5 桁まで記憶できるコンピュータがあるとして，次の数値計算を行なったときの丸めの誤差を求めよ．

    (1)　0.23+987.2　　　(2)　583.25+126.38　　　(3)　5.005+1.00003

    (4)　73475+2.475　　　(5)　898.8675+0.876

　2. 次の無限級数の和と，第 n 項までの和との差の絶対値は，第 $n+1$ 項の絶対値より小さい．$x=1.0$ として，第 5 項で打ち切ったときの打切り誤差の絶対値の上限を求めよ．

    (1)　$\sin x = x - \dfrac{x^3}{3!} + \dfrac{x^5}{5!} - \dfrac{x^7}{7!} + \cdots + (-1)^{n+1}\dfrac{x^{2n+1}}{(2n+1)!} + \cdots$

    (2)　$\cos x = 1 - \dfrac{x^2}{2!} + \dfrac{x^4}{4!} - \dfrac{x^6}{6!} + \cdots + (-1)^n\dfrac{x^{2n}}{(2n)!} + \cdots$

第1章 演習問題

[1] 次の2進数を10進数で表わせ．
  (1) 10_2　　(2) 1010_2　　(3) 0.1_2　　(4) 0.11_2　　(5) 101.101_2

[2] 次の10進数を2進数で表わせ．
  (1) 10　　(2) 0.5　　(3) 0.125　　(4) 3.5625　　(5) 3.1

[3] 次の10進数を16進数で表わせ．
  (1) 123　　(2) 256　　(3) 1.125　　(4) 12.25　　(5) 3.1

[4] 次の加減算を有効数字16進数6桁で行なえ．
  (1) $0.2-0.1$　　(2) $0.1+0.1$　　(3) $1.125+12.25$

Coffee Break

最初のコンピュータ

コンピュータ (computer) とは計算をする道具という意味であるが, 現在, コンピュータといえば, 電子の運動を利用した「電子」計算機ということになっている.

計算をする道具の歴史はたいへん古い. 今日でもまだ使われている計算道具であるそろばん(算盤と書く)が明(中国)からわが国に伝わってきたのは, 太閤秀吉の時代であった. そろばんを使って行なう計算は本当は暗算であって, そろばんは途中経過をメモする道具であると考えられる. このことはそろばんの名人は暗算の名人でもあることからもわかる.

最初の計算機の発明者は数学者パスカル(1623-1662)である. 彼が19歳のときに発明した機械歯車式計算機は,「人間理性の機械化」をなしえたものとして当時の思想界に衝撃を与えたが, 実際にも税金徴収事務に使われた.

機械式計算機はその後長い間使われてきた. 電動式計算機, 電流の断続を利用した継電器(リレー)式計算機をへて, 1946年ペンシルバニア大学のエッカートとモークリーによって最初の電子計算機が発明された.

この電子計算機は ENIAC (エニアック Electronic Numerical Integrater and Calculater—電子式数値積分計算機の略) と呼ばれる真空管式計算機で, 当時の継電器式計算機の1000倍の演算速度(加減算0.2ミリ秒, 乗算2.8ミリ秒, 除算6ミリ秒)があった. 継電器1500個のほかに真空管18800本を用い, 横30メートル, 重さ30トンというマンモス計算機であった. この最初の電子計算機は, 名前の通り, 弾道微分方程式の積分計算に威力を発揮した.

ところで現代の卓上型パソコンは, ENIAC と比べると, 演算速度は何倍ぐらいだと思いますか?

2

数値計算の手順と
PAD

どんな作業を行なうにも手順というものがある．数
値計算も例外ではない．むしろ数値計算こそ，順序
だてて行なう必要がある．しかもコンピュータは，
あらかじめプログラムされた手順に従ってのみ演算
する．この章では，数値計算の手順を分かりやすく，
見やすく表現する方法について学ぼう．

2-1 数値計算の手順

　本書の目的は，理工学における諸問題を，数値的に解決していく手法を学ぶことにある．前章で述べた「数値」は，いわばこの手法の素材である．本章では，数値をいろいろに組み合わせて，具体的で有用な手法にまとめ上げるときに共通する基本的事項を解説する．実際の手法は，問題に即して，第3章以下で述べる．本章は，したがって，数値を扱った前章と，手法について述べる後章との橋渡しをすることになる．

　何か問題を解いて答えを出そうとするとき，問題の設定から答えを得るまでの経過は，一般に次の段階を通る．

　(1) **問題の解析**　その問題の目的はハッキリしているか，どんな答えが要求されるか，またその目的や要求にあった答えは存在するか，答えが存在するとすれば，その答えを求めるにはどんな方法があるのか，そもそも目的にあったように問題自身を作り直した方がよいことはないか，などの検討．

　(2) **手順づくり**　答えを得るまでの手順をつくる．その手順にはあいまいさがあってはならない．とくにコンピュータ用プログラムを作るためには，完全にすべての場合をつくしていなくてはならない．

　(3) **プログラミング**　手順が完成したら，それをコンピュータ用のプログラムに作る．手順づくりまでが完璧ならプログラミングはむつかしくない．

　(4) **計算の実行と結果の検討**　筆算やコンピュータによって計算を実行する．結果が目的に合っているかどうかを検討する．

　ある段階で，それ以前の段階での考え落しのために行きづまることがあったら，ためらうことなく前の段階に戻らなければならない．たいていの場合は，行きつ戻りつするものである．無意味な行きつ戻りつを避けるためには，早く答えを欲しがって前の段階の検討を怠ることがないようにしよう．

　本書では理学や工学で登場する基本的な問題を数値計算によって解く，その手法を学ぶことを目的としている．この目的はハッキリしていると考えてよい．

2-1 数値計算の手順 —— 23

以下の各章では典型的な問題を与え，その解法と問題点を考察する．この章では，それらに共通する手順づくりについてややくわしく学ぶことにしよう．

手順（アルゴリズム）　ある目的を必ず達成できる一連の有限回の演算（処理）を**アルゴリズム**（algorithm）という．**手順**あるいは**算法**ということもある．本書では単に手順ということにする．この定義に従えば，手順は必ず目的を達成しなければならないから，あいまいであったり，まぎれがあってはならない．この条件を除けば，われわれが日常使う手順という言葉と同じ意味である．

　[例1]　「ある2つの数 x と y の和を求めて，その和を z とする」という手順を考えてみよう．これが手順であるためには，つまり z が求まるためには，この演算が行なわれる前に x と y の値が確定していることがまず必要である．その上で，この手順を式で書けば

$$z = x + y \tag{2.1}$$

となる．∎

　コンピュータの世界では，この式は，「右辺を演算（加算）によって求めて左辺に**代入する**」という意味をもつ．「右辺と左辺が等しい」という意味ではない．このように，手順としての式と数学上の等式とは意味が異なることを理解しなければいけない．FORTRAN では，＝のある式を**代入文**と呼んでいる．代入先がはっきり決まるためには，代入文の左辺は FORTRAN の変数または配列の要素の1つであることが必要であり，左辺に加減乗除などの演算が含まれていてはならない．

　[例2]　よく使われる手順に，「ある整数 i の値を1増やす」というのがある．これは，FORTRAN では，

$$i = i + 1 \tag{2.2}$$

と書く．∎

　手順の式および FORTRAN の代入文は，数学の等式とは違うことがわかるであろう．

　[例3]　3つの実数 a, b, c が与えられているとき，方程式

$$ax^2 + bx + c = 0 \tag{2.3}$$

24 —— **2** 数値計算の手順と PAD

の解を求める手順を求めよう.

解の公式を使って

$$x_1 = \frac{-b+\sqrt{b^2-4ac}}{2a}, \qquad x_2 = \frac{-b-\sqrt{b^2-4ac}}{2a} \tag{2.4}$$

から2つの解 x_1, x_2 を計算するというのは正しい手順ではない. なぜならこの公式は $a=0$ のときは使えず, 問題では2次方程式である $(a \neq 0)$ とはいっていないからである. この例の手順は次のようになる.

(1) $a=0$ のとき

　(1.1) $b=0$ のとき

　　(1.1.1) $c=0$ のとき　　x は任意

　　(1.1.2) $c \neq 0$ のとき　　x は不能

　(1.2) $b \neq 0$ のとき　　$x=-c/b$

(2) $a \neq 0$ のとき. $p=-b/2a$, $q=c/a$, $D=p^2-q$ とする.

　(2.1) $D \geqq 0$ のとき

　　(2.1.1) $p \geqq 0$ のとき　　$x_1=p+\sqrt{D}$, 　　$x_2=q/x_1$

　　(2.1.2) $p<0$ のとき　　$x_1=p-\sqrt{D}$, 　　$x_2=q/x_1$

　(2.2) $D<0$ のとき　　$x_1=p+i\sqrt{-D}$, 　　$x_2=p-i\sqrt{-D}$

なお, $D \geqq 0$ のときに丸めの誤差が小さくなるような配慮をしてある(第1章の例1参照). ▌

|||||||||||||||||||||||||||||||||||||||||||||||||||||||| **問　題 2-1** ||||||||||||||||||||||||||||||||||||||||||||||||||||||||

1. 2つの実数 a, b のうち大きい方を x に代入する手順を書け.

|||||||||||||||||||||||||||||||||||||||||||||||||||||||||||||||||||||||||||||||||||||||||||||||||||||||||||||||||||||||||||||

2-2　PAD と構造化プログラミング

PAD による手順の表現　手順が決まったら, 次の段階はプログラミングである. 手順を見ながらプログラムを書いていくわけであるが, ここで述べる

2-2 PADと構造化プログラミング

PADによって手順を書いておくと，容易にプログラミングでき，また間違いが少なくてよい．

PADはパドと読み，**問題解析図**(problem analysis diagram)のことである．手順を視覚にうったえることによって，全体の構造を容易に把握できるようにするために開発された方法である．これまでよく使われていた**流れ図**(flow chart)では，1つの手順が異なった流れ図で表わされたり，制御の構造がいりくんでしまって，全体の構造が分からなくなったりしやすい欠点がある．このようなわけで，本書ではPADを用いることにするが，この章では，流れ図とFORTRANのプログラムも併記する．そして，流れ図になじんできた読者の理解を助けながら，FORTRANによるプログラミングへの橋渡しとしたい．もちろん手順はどのプログラム言語で書いてもよいわけで，PADからFORTRAN以外の言語(たとえば，BASICやC言語)に変換する場合も，同様にして行なえばよい．

プログラムの流れ，すなわち制御の構造が単純であればあるほど，よい手順である．最も単純な制御構造は代入文だけが並んでいる場合である．この制御構造を**連接**(sequence)と呼び，図2-1のように表わす．(連接も含めて，PADの制御構造のくわしい説明は次の2-3節において行なう．)

しかし連接だけですべての手順を表わすことはできない．例3の「ax^2+bx

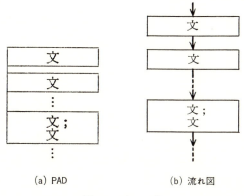

(a) PAD　　　　　(b) 流れ図

図2-1　連　接

$+c=0$ の解を求める手順」は,不可能な場合の例である.というのは,この例の場合,使うべき公式が a, b, c, D, p の値によって異なるので,図 2-2, 2-3 に示す**判断**(if then else)が必要となるからである.

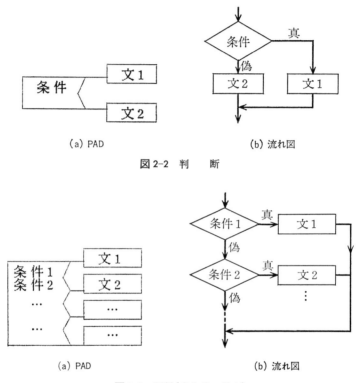

図 2-2　判　　断

図 2-3　判断（多分岐の場合）

　コンピュータは,全く同じ計算を多数回繰り返して行なうこと,すなわち反復を,すこしも苦にしない.繰り返し計算の手順は,連接と判断を必要な回数だけ書くことによって表わすことができる.ところが,連接と判断を何回書けばよいかが,手順を考える段階では分からないのである.というのは,反復の回数や反復を停止する条件が,問題や解法によって異なるからである.

　したがって,**反復**という制御構造を採用する必要がでてくる.本書で用いる反復の制御構造は次の 3 種である.

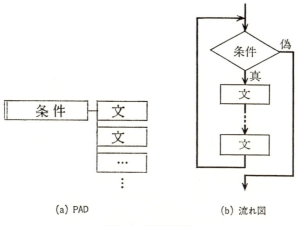

図 2-4　前判定反復

(i)　**前判定反復**(while)　反復の各回の前に，その回の計算を行なうか，それとも停止するかを判断する(図 2-4)．

(ii)　**後判定反復**(until)　各回の計算が終わってから，次回の計算を行なうかどうかを判断する(図 2-5)．

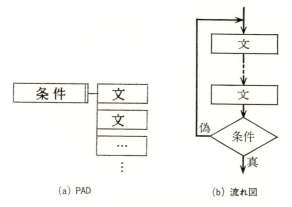

図 2-5　後判定反復

(iii)　**問題向き反復**(do)　反復回数がはじめから確定している場合の反復構造(図 2-6)．

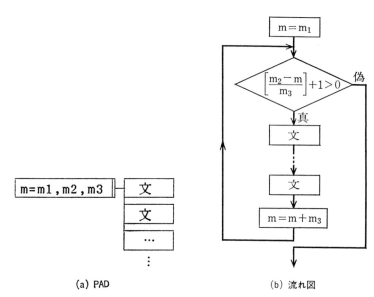

図 2-6 問題向き反復
[ ] は小数点以下を切り捨てて,整数値にすることを表わす.

　後判定反復も問題向き反復も,前判定反復を用いて表わすことができるが,問題によってこれら 3 種の反復を使い分けることも大切である.また,問題向き反復は,FORTRAN が最も得意とする反復構造である.このことは,FORTRAN のプログラムでは DO 文が便利に使われていることからも推察できる.

　構造化プログラミング　著名な数学者ダイクストラ (Edsger W. Dijkstra) は,「すべてのプログラムは,連接,判断,および前判定反復の,3 つの基本的制御構造だけで書くことができる」という定理を証明した.この定理を**構造化定理**という.「よいプログラムとは単純な制御構造をもつプログラムのことであり,したがってプログラムはこの 3 つの制御構造だけで書くのがよい」という主張もある.単純な制御構造をもつプログラムを書くことを,**構造化プログラミング** (structured programming,略して SP) とよんでいる.

　これとは逆に,悪い構造のプログラムの代表格は,go to 文のやたらに多いプログラムである.go to 文は長いプログラムのどこにでも飛んでいく (制御を移

す)ことができるため，安易に使われる傾向がある．しかし go to 文を多用すると制御の流れが複雑になり，一度ミス（bug. バグと読む．虫のこと）が生じると，間違いの源をみつけて訂正すること（debug. デバグと読む．虫とり）が容易でない．したがってプログラムの生産性が低くなる．また，プログラムの改造が必要になったとき，どこをどう直せばよいのかが分からなくなる，つまり保守性が悪くなるということもある．したがって，構造化プログラミングは「go to 文を使わないプログラミング（go to-less programming）」とさえいわれるほど，go to 文の使用を避けている．

FORTRAN は while 文がないので，go to 文を完全に駆逐するわけにはいかないが，必要最低限にとどめるべきである．PAD は go to 文なしで書けるから，PAD から FORTRAN に変換されたプログラムは，最低限の数の go to 文ですますことができる．この点でも，PAD が秀れていることが分かるであろう．

構造化プログラミングは，**トップ・ダウン・プログラミング**（top down programming）という考え方を採用している．トップ（上または全体）からダウン（下または細部）へ向かってプログラムを書こうということである．まず全体の構造の大枠を決め，しだいに細部を精密化していき，完全に細部の手順まで決まったときにプログラミングが終了するように，プログラミングの計画を立ててからとりかかろうという思想である．これは，とくに大型のプログラムを複数のプログラマが協力して開発するときに有効性を発揮する．本書ではそれほど大きなプログラミングを意図しているわけではないが，数値計算の勉強をしながら，その思想をすこしでも身につけてほしい．将来，大型のプログラムを作るようになったとき，必ず役に立つはずである．

そこで上の 3 つの基本的制御構造のほかに，**定義と引用**を PAD に含めることにしよう．これは，まとまった一連の手順に 1 つの名称をつけて定義し，また定義された一連の手順を引用するためである．トップ・ダウン・プログラミングの実際においては，まず引用をして，後で定義する．これは普通の数学の本の，「まず定義して，定義されたものだけを引用する」という記述の仕方とは正反対である．

30 ——— **2** 数値計算の手順と PAD

━━━━━━━━━━━━━━━━━━━━━━━━ 問　題 2-2 ━━━━━━━━━━━━━━━━━━━━━━━━

1. 後判定反復は前判定反復によって表わすことができる．次の後判定反復を前判定反復で表わせ．

```
L    CONTINUE
        文1
        文2
        ……
     IF (EPS .GT. 1.0D-10) GO TO L
```

2. 問題向き反復は前判定反復によって表わすことができる．次の問題向き反復を前判定反復によって表わせ．

```
     DO 100 I=M1,M2
        文1
        文2
        ……
100  CONTINUE
```

━━━

2-3　PAD の制御構造

本書で用いる PAD の制御構造は，前節で述べたとおり，次の 4 つである．

　　　連接

　　　判断

　　　反復——前判定反復，後判定反復，問題向き反復

　　　定義と引用

この節では，これらの制御構造について，1 つ 1 つ学んでいこう．

　連接(sequence)　図 2-1 のように，1 つあるいはいくつかの手順の文を枠で囲んで縦に並べたものである．1 つの矩形の中に文が 2 個以上あるときには，「；」(セミコロン)で区切りをつける．複数の矩形が並んでいるときには，上の方から連続して順に実行する．FORTRAN では，次のように，単に，文を順

2-3　PAD の制御構造 ────── 31

に書き並べればよい.

文	[例]	WA=A+B
文		SA=A-B
……		SEKI=A*B
……		SYOU=A/B

判断(if then else)　「もし(条件)が真ならば(文1)を実行し,偽ならば(文2)を実行する」ことを表わすときに図2-2(a)の PAD を用いる.この PAD は FORTRAN の

```
IF  (条件)  THEN        [例]    IF (A .EQ. 0.0) THEN
   文1                            X=0
ELSE                           ELSE
   文2                            X=B/A
END IF                         END IF
```

に変換される.(ELSE と文2がないこともある.最後の行は END IF でしめくくる.)

　「もし(条件1)が真ならば(文1)を実行し,偽ならばもし(条件2)が真ならば(文2)を実行し,…偽ならば(文 N)を実行する」という多分岐を表わすのには図2-3(a)の PAD を用いる.FORTRAN では,

```
IF  (条件1)  THEN         [例]    IF(D.GT.0.0)THEN
   文1                             X=P+SQRT(D)
ELSE IF  (条件2)  THEN            ELSE IF(D.EQ.0.0)THEN
   文2                             X=P
ELSE IF …                        ELSE
   ……                             X=P+SQRT(-D)
ELSE                             END IF
   文 N
END IF
```

と書く.なお,.GT. は「>」(より大きい,greater than)を示す FORTRAN

32 ——— **2** 数値計算の手順と PAD

の比較演算子である. また，SQRT(D) は D の平方根(square root)を求める FORTRAN の関数である.

前判定反復(while) 「条件が成り立っている間繰り返す」ことを表わす PAD は図 2-4(a) である. 条件が成り立っているかどうかの判定は毎回の反復(繰り返し)の前に行なう. これを前判定反復という. FORTRAN では，IF THEN と END IF と GO TO とを使って，次のように表わす.

[例] 100 までの自然数の和

```
              I=0
              K=0
L    IF (条件) THEN        10 IF (I .LE. 100) THEN
        文                      I=I+1
        ……                     K=K+I
        GO TO L                 GO TO 10
    END IF                  END IF
```

ここに，L は文番号(ラベル)である. また，.LE. は「≦」(より小さいか等しい，less or equal)を示す FORTRAN の比較演算子である.

後判定反復(until) 「条件が成り立つまで繰り返す」ことを表わす PAD は図 2-5(a) である. 条件の判定は毎回の繰り返しが終わってから行なう. これを後判定反復という. FORTRAN との対応は次のようになる.

[例] マシン・イプシロン(第1章を見よ)

```
                              EPS=1.0
L  CONTINUE                20 CONTINUE
        文                      EPS=EPS/2.0
        ……                     ……
    IF(.NOT.(条件))GO TO L      IF(1.0+EPS.GT.1.0)GO TO 20
                              EPS=EPS*2.0
```

問題向き反復(do) FORTRAN でよく用いられる文に DO 文がある. これは

2-3 PAD の制御構造 ——— 33

[例] 100 までの自然数の和

```
DO L M=M1,M2,M3          ISUM=0
      文                 DO 30 I=1,100
     ……                   ISUM=ISUM+I
L   CONTINUE          30 CONTINUE
```

の形の構文である. M は制御変数といい, M1 はその初期値, M2 は終値, M3 は増分である. M=M1 から始めて M3 ずつ増やしながら, M2 を越えない間反復する (M3=1 のときには M3 は省略してよい). この反復は数値計算において最もよく使われる反復であり, その PAD は図 2-6(a) である.

FORTRAN に慣れている読者のために 1 つ注意しておきたい. それは, FORTRAN 77 以前の古い FORTRAN では, DO 文は後判定の反復となっていることである. DO 文が前判定反復になったのは, FORTRAN 77 からである. 本書の問題向き反復は前判定 DO 文にかぎっている. 後判定 DO 文の場合, 繰り返しの回数が前判定の場合よりも 1 回多いことがあり, その場合計算結果は正しくない. 前判定であるか後判定であるかを調べるには, 次の DO 文を実行させてみればよい.

```
I=0
M1=1
M2=0
M3=1
DO 100 M=M1,M2,M3
  I=I+M
100  CONTINUE
WRITE(*,*) 'I=',I
```

最後で I=0 なら前判定, I=1 なら後判定である. M1>M2 のため前判定なら I=I+M は 1 回も実行されないし, 後判定なら 1 回だけ実行されるからである.

なお, BASIC 言語の問題向き反復は for-next 文であるが, パソコンの種類によっては後判定のものもあるので注意が必要である.

34───**2** 数値計算の手順と PAD

例題 2.1 A の値と B の値を入れ換える手順を示せ.

[解] 安易に考えて,

B の値を A に代入して	A=B	(1)
次に A の値を B に代入して	B=A	(2)

$$(2.5)$$

とするのは誤りである. たとえば, いまもし初めに A=1, B=2 であったとすると, (1)で A=2 となり, (2)で B=2 となる. すなわち A=B=2 となってしまう. 正しくは, 作業用の変数(記憶場所) W を作って, この W に A の値をしまっておいてから, 次のように計算する.

$$
\begin{array}{ll}
W=A & (1) \\
A=B & (2) \\
B=W & (3)
\end{array}
\qquad (2.6)
$$

この手順は数値計算でよく用いられる.

作業用の変数を用いない方法もある. たとえば,

$$
\begin{array}{ll}
A=A+B & (1) \\
B=A-B & (2) \\
A=A-B & (3)
\end{array}
\qquad (2.7)
$$

とすればよい. この手順は A, B が実数型のとき, 丸めの誤差が生じる恐れがあり, よい手順ではない. ▮

例題 2.2 3 つの整数 A, B, C がある. いま, あらためてこれらの値の最大値を A に, 中間値を B に, 最小値を C に代入したい. その手順を示せ.

[解] S, I を整数型の作業用変数として

$$
\begin{array}{l}
S=A+B+C \\
I=MAX(A,B,C) \\
C=MIN(A,B,C) \\
B=S-I-C \\
A=I
\end{array}
\qquad (2.8)
$$

のようにすればよい. ▮

ここに, MAX(A,B,C) と MIN(A,B,C) は, それぞれ最大値と最小値を求

めるための FORTRAN の関数である．このような関数は**組み込み関数**と呼ばれ，この例のように引用さえすれば使うことができる．組み込み関数は数十個以上もあり，よく考えてつくられているので，活用すると便利である．

例題 2.3 a, b, c を 3 つの実数とするとき，$ax^2+bx+c=0$ の解を求める手順の PAD を書け．

[解] 2-1 節例 3 が同じ問題である．そこで求めた手順を PAD で表わすと図 2-7 のようになる．この手順全体に「$ax^2+bx+c=0$ の解」という名前をつけて定義する．こうしておけば，ほかのところでこの名前を用いて引用することができる．

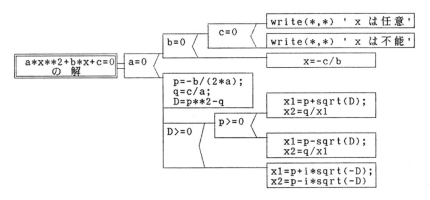

図 2-7　$ax^2+bx+c=0$ の解の PAD

例題 2.4 n 次元ベクトル $\boldsymbol{x}$ と $\boldsymbol{y}$ の内積（スカラー積）S を求める手順を PAD で表わせ．

[解] ベクトルの成分を $x_1, x_2, \cdots, x_n$ および $y_1, y_2, \cdots, y_n$ とすれば，S は

$$S = \sum_{i=1}^{n} x_i y_i \tag{2.9}$$

で求められる．その手順は

(1) $S=0$ とおく．

(2) $i=1, 2, 3, \cdots, n$ として
$\qquad S = S + x_i y_i$

成分 x_i, y_i は FORTRAN の配列の要素 x(i), y(i) にしまわれているとすれば，PAD は図 2-8 のようになる．ここで，この手順に「S=x*y」という名前をつけて定義する．ほかのところでこの名前によって引用できる．

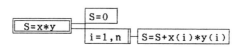

図 2-8　ベクトルの内積の PAD

例題 2.5　2 つの正の整数 a, b の最大公約数 (GCD) を求める手順を PAD で表わせ．

［解］　最大公約数を筆算で求めるときは，ふつう次のように計算する．たとえば，$a=1260, b=525$ とすれば，

```
5)1260    525
3) 252    105
7)  84     35
    12      5    ∴  GCD = 5・3・7 = 105
```

ところが任意の a, b に対してこの方法の手順を作るのは簡単ではない．というのは，2 から始まり a, b の小さい方までのすべての整数で割ってみなくてはならないからである．このような手順も確かに存在するであろうが，よい手順とはいえない．

最大公約数を求める手順としてよく用いられる方法として互除法がある．この例で示すと，

$$1260 \div 525 = 2 \quad \text{あまり} \quad 210$$
$$525 \div 210 = 2 \quad \text{あまり} \quad 105$$
$$210 \div 105 = 2 \quad \text{あまり} \quad 0 \quad \therefore \quad GCD = 105$$

この手順はただちに一般化できて，

(1)　a, b の大きい方を N，小さい方を L とする．
(2)　L=0 となるまで反復する．

(2.1)　M=N
(2.2)　N=L
(2.3)　L=mod(M,N)
(3)　GCD=N

mod(M,N) は M を N で割ったときのあまりを求める組み込み関数である．この手順を PAD で表わし，「最大公約数」という名前をつけておこう (図2-9)．

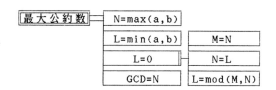

図 2-9　2 つの整数 a, b の最大公約数 (GCD) を求める PAD

───────────────── 問　題 2-3 ─────────────────

1. 2 つの正の整数 a, b の最大公約数 (GCD) を求める手順である図 2-9 の PAD に「最大公約数 (a, b, GCD)」という名前をつけて引用し，3 つの数 a, b, c の最大公約数を求める PAD を書け．

2. 前問と同様に，PAD「最大公約数 (a, b, GCD)」を引用することにより，4 つの正の整数 a, b, c, d の最大公約数を求める PAD を書け．

第 2 章 演 習 問 題

[1]　N 個の実数 $a(1), a(2), \cdots, a(N)$ の中の最大値 AMAX を求める手順の PAD を書け．

[2]　N 個の正の整数 $a(1), a(2), \cdots, a(N)$ の最大公約数を求める PAD を書け．

[3]　N 個の数よりなる数列 $a(1), a(2), \cdots, a(N)$ を逆順に並べかえる PAD を書け．

ソフトウエアの危機

　コンピュータの本体をハードウエア(金物,かなもの)といい,コンピュータを制御する命令(プログラム)をソフトウエアという.プログラムをつくることをプログラミングという.ソフトウエアがないコンピュータはただのガラクタの箱にすぎない.

　最初のコンピュータのプログラムの入力は配電盤のプラグボードによって行なわれた.プログラムは機械語で書かれた.機械語はハードウエアによって直ちに電気信号に変換されて実行されるハードウエア向きの言語で,0と1の数字の列の2進法で書かれている.機械語によるプログラミングは途方もない集中力を必要とするので,機械語を符号化したアセンブラ言語がつくられた.アセンブラ言語で書かれたプログラムはコンピュータによってほとんど一語ごとに機械語に翻訳される.

　真空管を用いた第1世代から,半導体トランジスタを用いた第2世代のコンピュータの時代にかけて,ハードウエアの種類によらないプログラミング言語が開発され始めた.科学技術計算用のFORTRAN,事務計算用のCOBOLなどである.その後,ハードウエアがIC(集積回路)の第3世代,LSI(超集積回路)の第4世代と急速な進歩を遂げるに従って,自動化しにくいソフトウエアの開発がついていけないくらい遅れがちになった.これが「ソフトウエアの危機」といわれる事情である.

　危機の回避のために,自然言語にできるだけ近い高級言語の開発を含むプログラミングの手法の研究が盛んになっている.構造化プログラミングの思想は,大型のソフトウエアを誤りなく短期間に開発し,また知的財産として蓄積するにはどのようなことに留意すべきか,という問いにこたえようとしているものである.本書で採用したPADは,この思想に沿って開発され育ちつつある1つの具体的手法である.

3

非線形方程式と
ニュートン法

1次方程式 $2x-5=0$ の解は，$x=5 \div 2=2.5$ という具合に，1回の割り算で簡単に求められる．この章では，1次方程式以外の方程式すなわち非線形方程式の解を，数値計算によって求めることを考える．非線形方程式には2次方程式をはじめとして，きわめて多くの種類の方程式がある．この章で学ぶ方法を用いれば，$x^2-2=0$ の解，すなわち平方根 $\sqrt{2}$ の値が $x=1.41421356\cdots$ と容易に求められるし，もっと複雑な方程式であっても，手順は平方根を求めるのと大して変わらない．

40 ——— **3** 非線形方程式とニュートン法

3-1 ニュートン法

非線形方程式　1つの変数 x の関数 $f(x)$ が与えられたとき，$f(x)=0$ は x を未知数とする方程式である．$f(x)=ax+b\,(a\neq0)$ のように，$f(x)$ が x の1次式であるとき，方程式 $f(x)=0$ は **線形** であるという．一般に，$f(x)$ が n 次の多項式

$$f(x) = a_0x^n+a_1x^{n-1}+\cdots+a_{n-1}x+a_n \qquad (a_0\neq0)$$

のとき，$f(x)=0$ は n 次の **代数方程式** であるという．$n>1$ なら代数方程式は非**線形**である．

また，$f(x)=x-2\sin x$ のように，$f(x)$ が x の多項式でないとき，これを x のベキ級数で展開してみると，

$$\sin x = x-\frac{1}{3!}x^3+\frac{1}{5!}x^5-\cdots$$

のように無限級数となる．したがって $f(x)=0$ は無限次代数方程式であるということができる．このようなとき，$f(x)=0$ を **超越方程式** と呼んでいる．超越方程式はもちろん非線形方程式である．

　線形方程式の解法は，非線形方程式の解法に比べると簡単であるから，ここでは非線形方程式の解法について述べることにする．ただし，連立1次方程式（連立線形方程式）は，そう簡単には解けないので，次の第4章で述べる．この第3章で述べるのは，単独の（連立でない）非線形方程式の解法である．

　ニュートン法　非線形方程式の有力な数値解法の1つに，ニュートン法とよばれるものがある．その原理を，図によって説明しよう．いま，図3-1のように，$y=f(x)$ が x 軸と $x=\alpha$ で交わっているとする．このとき，$x=\alpha$ は $f(x)=0$ の解である．すなわち $f(\alpha)=0$．この α を求めるのが，われわれの目的である．

　そこで，まず α に近いある値 $x=x_0$ を x 軸上にとり，その点に垂線を立てる．垂線と $y=f(x)$ との交点で，$y=f(x)$ に接線を引く．接線の勾配 $f'(x_0)$

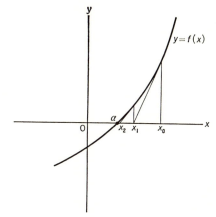

図 3-1 ニュートン法の原理

が 0 でなければ，この接線はどこか 1 点で必ず x 軸と交わる．この交点の x 座標を x_1 としよう．この図の場合，x_1 は x_0 よりも α に近くなっている．すなわち，x_1 は x_0 よりも α のよい近似値であるといえる．

x_1 は次のように求められる．勾配 $f'(x_0)$ は

$$f'(x_0) = \frac{f(x_0)}{x_0 - x_1}$$

と表わせるから，これを整理して

$$x_1 = x_0 - \frac{f(x_0)}{f'(x_0)}$$

を得る．この手続きをくり返して，$x_0, x_1, x_2, \cdots$ と次つぎによりよい近似値を求めていくことができる．一般に，近似値 x_{k+1} は，その前の近似値 x_k によって次式のように表わされる．

$$\boxed{\begin{array}{c}\text{ニュートン法}\\ x_{k+1} = x_k - \dfrac{f(x_k)}{f'(x_k)}\end{array}} \quad (3.1)$$

x_0 を**初期値**という．上の公式で，$k=0$ からスタートして，$k=1, 2, \cdots$ と次つぎに近似値を改良していく方法を，**ニュートン**(Newton)**法**または**ニュートン・ラフソン**(Raphson)**法**という．ニュートン法では，x_{k+1} と x_k が十分近くなっ

42 ——— **3** 非線形方程式とニュートン法

たとき，繰り返しを打ち切って，x_{k+1} の値を α の近似値とする．

例題 3.1　$f(x)=x^2-2=0$ を解け．

[解]　$f'(x)=2x$ であるから，ニュートン法の公式 (3.1) から

$$x_{k+1} = x_k - \frac{x_k{}^2-2}{2x_k} = \frac{1}{2}\left(x_k+\frac{2}{x_k}\right)$$

いま，初期値を $x_0=1.5$ とすると，上式によって

$$x_1 = \frac{1}{2}\left(x_0+\frac{2}{x_0}\right) = 1.41666667$$

$$x_2 = \frac{1}{2}\left(x_1+\frac{2}{x_1}\right) = 1.41421569$$

$$x_3 = \frac{1}{2}\left(x_2+\frac{2}{x_2}\right) = 1.41421356$$

$$x_4 = \frac{1}{2}\left(x_3+\frac{2}{x_3}\right) = 1.41421356 = x_3 \fallingdotseq \sqrt{2}$$

が得られる．これをみると，x_3 と x_4 は小数点以下 8 位まで一致している．したがって，x_4 は，$\sqrt{2}$ の小数点以下 8 位まで正しい近似値と考えられる．この場合はわずか 4 回の繰り返しで有効数字 9 桁の $\sqrt{2}$ が得られた．▮

一般に，正数 a の平方根を求めるには，$f(x)=x^2-a$ に対してニュートン法を適用すれば，少ない回数でよい精度の値が得られる．このとき，初期値としては，

$$x_0 = \frac{a+1}{2} \tag{3.2}$$

とすればよい．なぜならば，このとき $x_0>x_1>x_2>\cdots>\alpha$ という関係となり，近似値は正しい値 α に一様に近づいていくからである．

ニュートン法の手順　第 1 章に述べた許容絶対誤差を ε_A，許容相対誤差を ε_R とすれば，$k+1$ 回目の繰り返しで

$$\frac{|x_{k+1}-x_k|}{\varepsilon_A+\varepsilon_R(|x_{k+1}|+|x_k|)} < 1 \tag{3.3}$$

となったとき，$x_{k+1} \fallingdotseq \alpha$（真の解）と判定する．(3.3) が繰り返し打ち切りの条件である．これを**収束判定条件**あるいは**収束条件**という．

3-1 ニュートン法 —— 43

例題 3.1 の場合には，$x_0, x_1, \cdots$ を順次計算し，それを書いていくことによって，収束の様子をその場で見てとることができた．x_3, x_4 では有効数字 9 桁まで一致していることから，$\varepsilon_R = 10^{-9}$ としたことになっている．しかし，プログラムを書いてコンピュータに計算させる場合は，収束条件を入れておかないと，いつまでも計算を続行してしまう．

収束判定条件によって，ニュートン法の手順は，次の (0), (1), $\cdots$, ($k+1$) のようにまとめられる．

(0)　初期値 x_0 を与える．

(1)　x_1 を x_0 からニュートン法の公式によって求める．収束判定条件を満たしていれば x_1 を解として終り．

(2)　x_2 を x_1 からニュートン法の公式によって求める．収束判定条件を満たしていれば x_2 を解として終り．

　　　………………

($k+1$)　x_{k+1} を x_k からニュートン法の公式によって求める．収束判定条件を満たしていれば x_{k+1} を解として終り．

　　　………………

この手順からわかるように，一般に，x_{k+1} を求めるときには 1 回前の x_k だけが必要で，それ以前の $x_{k-1}, x_{k-2}, \cdots$ は不要である．したがって PAD やプログラムでは，第 $k+1$ 回目に求めようとする x_{k+1} を x とし，1 回前の x_k を x_0 に入れておいて，

$$x = x_0 - \frac{f(x_0)}{f'(x_0)} \qquad (3.4)$$

という公式を使うことにすればよい．回数 k が 1 ふえるごとに，$x_0 = x$ として x_0 に x を入れ直して，次の x を求める．こうすれば，$x_0, x_1, x_2, \cdots$ のためのそれぞれの記憶場所を確保しておく必要がない．こうしてできたのが図 3-2 の PAD である．

PAD では，x_0 を x0，ε_A を epsa，ε_R を epsr と書かれている．プログラムではギリシア文字 (ε) や添字 (下付きの 0 や A や R) は使えないから，PAD

44 ── **3** 非線形方程式とニュートン法

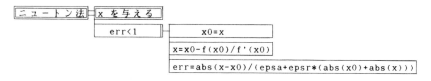

図 3-2 ニュートン法の PAD

の段階でもこのような書き方をしたのである.

━━━━━━━━━━━━━━ 問 題 3-1 ━━━━━━━━━━━━━━

1. $\sqrt{3}$ をニュートン法によって求めよ. ただし初期値を $x_0=2$ とせよ.

2. 上の問1において初期値を $x_0=-2$ として求めてみよ. 計算結果は前問と比べてどう変わるか.

━━━━━━━━━━━━━━━━━━━━━━━━━━━━━━

3-2 ニュートン法の収束性と初期値

ニュートン法の収束　次つぎと求めた近似値が解にだんだん近づいていくことを**収束**という. 収束の様子は,誤差

$$\varepsilon_k = x_k - \alpha \tag{3.5}$$

が小さくなっていく様子を調べればわかる. $f(x_k)$ と $f'(x_k)$ を $x_k=\alpha$ のまわりにテイラー展開して

$$f(x_k) = f(\alpha) + \frac{1}{1!}\varepsilon_k f'(\alpha) + \frac{1}{2!}\varepsilon_k^2 f''(\alpha) + \cdots$$

$$f'(x_k) = \qquad\qquad f'(\alpha) + \frac{1}{1!}\varepsilon_k f''(\alpha) + \cdots$$

とおくと, $f(\alpha)=0$ だから, (3.1)から

$$x_{k+1} - \alpha = x_k - \alpha - \varepsilon_k \frac{f'(\alpha) + \frac{1}{2}\varepsilon_k f''(\alpha) + \cdots}{f'(\alpha) + \varepsilon_k f''(\alpha) + \cdots}$$

$$\therefore\ \varepsilon_{k+1} = \varepsilon_k - \varepsilon_k \left(1 + \frac{\varepsilon_k}{2}\frac{f''(\alpha)}{f'(\alpha)} + \cdots\right)\left(1 + \varepsilon_k \frac{f''(\alpha)}{f'(\alpha)} + \cdots\right)^{-1}$$

ε_k は非常に小さいとして $\varepsilon_k{}^3, \varepsilon_k{}^4, \cdots$ を無視し，また公式

$$(1+x)^n = 1+nx+\frac{n(n-1)}{2}x^2+\cdots \doteqdot 1+nx \qquad (|x|\ll 1)$$

を使うと，ε_k に比例する項は消えて

$$\varepsilon_{k+1} \doteqdot \frac{f''(\alpha)}{2f'(\alpha)}\varepsilon_k{}^2 \tag{3.6}$$

となる．$\varepsilon_k{}^2$ の係数 $f''(\alpha)/(2f'(\alpha))$ の絶対値がそれほど大きくない（1 の程度の大きさ）とすると，$k+1$ 回目の誤差 ε_{k+1} は k 回目の誤差の 2 乗 $\varepsilon_k{}^2$ の程度になっている．たとえば，$|\varepsilon_k|\cong 10^{-2}$ とすると $|\varepsilon_{k+1}|\cong 10^{-4}$ となる．k 回目に x_k の値が 2 桁正しければ，$k+1$ 回目には 4 桁，$k+2$ 回目には 8 桁（6 桁ではない）正しいという具合に，誤差は急速に減少していく．ε_{k+1} が $\varepsilon_k{}^2$ に比例することを**2 乗収束**という．ニュートン法は 2 乗収束する．

上の 2 乗収束の議論は，α が $f(x)=0$ の単根の場合である．α が 2 重根であるときは

$$f(x) = (x-\alpha)^2 g(x)$$

と書けるから，

$$f'(x) = 2(x-\alpha)g(x)+(x-\alpha)^2 g'(x)$$

となって，$f'(\alpha)=0$ になる．一般に，m 重根のときには，$f'(\alpha)=f''(\alpha)=\cdots=f^{(m-1)}(\alpha)=0$ であるから，

$$f(x_k) = \frac{\varepsilon_k{}^m}{m!}f^{(m)}(\alpha)+\frac{\varepsilon_k{}^{m+1}}{(m+1)!}f^{(m+1)}(\alpha)+\cdots$$

$$f'(x_k) = \frac{\varepsilon_k{}^{m-1}}{(m-1)!}f^{(m)}(\alpha)+\frac{\varepsilon_k{}^m}{m!}f^{(m+1)}(\alpha)+\cdots$$

となり，これを(3.1)に代入して

$$\varepsilon_{k+1} = \frac{m-1}{m}\varepsilon_k+\frac{f^{(m+1)}(\alpha)/f^{(m)}(\alpha)}{m^2(m+1)}\varepsilon_k{}^2+\cdots \tag{3.7}$$

となる．この式は，単根の場合 $(m=1)$ には(3.6)と一致し 2 乗収束であるが，$m>1$ では 1 乗収束であることを示している．$m>1$ の場合でも $|(m-1)/m|<1$ であるから，収束はするけれども，繰り返しの回数が多くなる．

46 ——— **3** 非線形方程式とニュートン法

例題 3.2 $x(x-1)^2=0$ を解け. ただし初期値を $x_0=1.3$ とせよ.

[解] ニュートン法の公式は $f(x)=x(x-1)^2$ として,

$$x_{k+1} = x_k - \frac{f(x_k)}{f'(x_k)} = \frac{2x_k^2}{3x_k-1} \tag{3.8}$$

上式でまず $k=0$ として初期値 $x_0=1.3$ を代入して x_1 を求め,つぎに $k=1$ として,いま求めた x_1 の値を代入する.以下同様にして解を求めていくわけであるが,有効数字を 10 桁まで収束させる($\varepsilon_R=10^{-10}$)とすると,収束の様子は次のとおりとなる.

$x_0 = 1.3000000000$	$x_{11} = 1.0001871253$	$x_{22} = 1.0000000913$
$x_1 = 1.1655172413$	$x_{12} = 1.0000935714$	$x_{23} = 1.0000000456$
$x_2 = 1.0882453800$	$x_{13} = 1.0000467879$	$x_{24} = 1.0000000228$
$x_3 = 1.0458419294$	$x_{14} = 1.0000233944$	$x_{25} = 1.0000000114$
$x_4 = 1.0234125336$	$x_{15} = 1.0000116973$	$x_{26} = 1.0000000057$
$x_5 = 1.0118386542$	$x_{16} = 1.0000058487$	$x_{27} = 1.0000000028$
$x_6 = 1.0059537541$	$x_{17} = 1.0000029243$	$x_{28} = 1.0000000014$
$x_7 = 1.0029856604$	$x_{18} = 1.0000014621$	$x_{29} = 1.0000000007$
$x_8 = 1.0014950488$	$x_{19} = 1.0000007310$	$x_{30} = 1.0000000003$
$x_9 = 1.0007480819$	$x_{20} = 1.0000003655$	$x_{31} = 1.0000000001$
$x_{10} = 1.0003741807$	$x_{21} = 1.0000001827$	$x_{32} = 1.0000000000$

この問題では,$\alpha=1$ は方程式の 2 重根であり($m=2$),したがって,誤差は $(m-1)/m=0.5$ 倍されつつ収束することが見られる.繰り返しの回数を N とすると

$$(1.3-1)\cdot 2^{-N} \leqq 10^{-10}$$

より

$$N \geqq \frac{10+\log(1.3-1)}{\log 2} = 31.5$$

で $N=32$ となる.実際の繰り返し回数も 32 回である.▮

ニュートン法の初期値 これまでは,初期値 x_0 がすでに解 α に十分近いことを仮定して議論してきた.しかし,ニュートン法ではどのような初期値 x_0 からスタートしても,ほとんどすべての場合,$f(x)=0$ の解のいずれかに収束

する.繰り返しの途中でニュートン法の公式(3.1)の分母の $f'(x_k)$ が 0 に著しく近いことがあると,x_{k+1} は無限大(オーバーフロー)となることがあるが,たいていの場合,$f'(x_k)=0$ となるはずのときには丸めの誤差のおかげで分子の $f(x_k)$ が 0 となって収束してしまったり,仮に $f'(x_k)\doteqdot 0$ となっても,そのまま強引に繰り返すとまた絶対値最大の解にもどってきて収束したりする.ただ,収束判定の条件が強すぎると,解のまわりを行ったり来たりして,収束条件を満たすことなく繰り返すことがある.

以下,いくつかの例について,初期値のとり方と得られる解の関係について見てみよう.

[例1] 方程式 $f(x)=x^2-a=0\,(a>0)$ の場合.この方程式の解は $\alpha=\pm\sqrt{a}$ の 2 つあるが,初期値 $x_0>0$ からスタートしたときには $\sqrt{a}$ だけが得られ,$x_0<0$ からスタートすると $-\sqrt{a}$ だけが得られる.▮

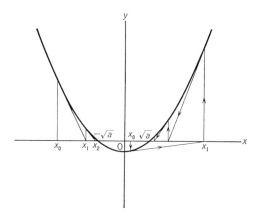

図 3-3 $\pm\sqrt{a}$ のニュートン法.$x_0<0$ のときには $-\sqrt{a}$ に収束し,$0<x_0<\sqrt{a}$ のときには x_k はいちど大きくなってから $\sqrt{a}$ に収束する.

一般に $f(x)=0$ が複数の実数解をもつときには,その 1 つの実数解のごく近くの x_0 からスタートすればその解に収束する.したがって,いくつもの実数解があるときには,なんらかの方法で解のおおよその分布を知った上で,求めたい実数解の近くに x_0 を与えてスタートしなければならない.とくに近接し

た実数解があるときには，いくら初期値を変えても同じ解ばかりが出てきてしまって困ることがある．ニュートン法のもつこの性質は覚えておくとよい．

[例2] $f(x)=x^2+a=0\ (a>0)$．図3-4 からわかるように，$f(x)$ は x 軸との交点がないから実数解はない．このような場合にニュートン法を適用すると，$x=0$ のまわりを振動して収束しない．

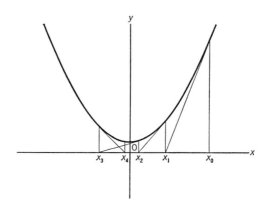

図3-4　$f(x)=x^2+a=0\ (a>0)$ のニュートン法．収束しないで振動する．

これは解が複素数となるためであり，複素数解まで求めるには，ニュートン法を複素数に拡張しておく必要がある．z を複素数として

$$f(z) = z^2+a = 0 \tag{3.9}$$

を解くことを考える．このとき $f'(z)=2z$．したがって(3.9)に対するニュートン法の公式は

$$z_{k+1} = \frac{1}{2}\left(z_k - \frac{a}{z_k}\right) \tag{3.10}$$

である．このときには，初期値 z_0 として複素数を与えないと，実数のときと同じように振動することを注意しておく．

[例3] $f(x)=x^3-x=0$．解は $\alpha_1=1,\ \alpha_2=0,\ \alpha_3=-1$．$f'(x)=3x^2-1$ であるから，ニュートン法の公式は

$$x_{k+1} = x_k - \frac{x_k^3 - x_k}{3x_k^2 - 1} = \frac{2x_k^3}{3x_k^2 - 1} \tag{3.11}$$

図 3-5 に示したように，$x_0 = 1/\sqrt{5}$ からスタートすると，(3.11)からは，$x_1 = -1/\sqrt{5}$, $x_2 = 1/\sqrt{5}$, … となり，解は振動して収束しない．しかし $1/\sqrt{5} = 0.447213595\cdots$ は無理数であるから，数値計算のときは $x_0 \fallingdotseq 1/\sqrt{5}$ から出発することになる．$1/\sqrt{5}$ からわずかでもずれれば，$\alpha_1, \alpha_2, \alpha_3$ のどれかに収束する．($-1/\sqrt{5}$ の場合も同様である．)

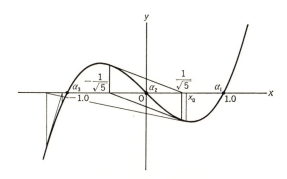

図 3-5 ニュートン法の収束と振動．初期値を $x_0 = 0.512$ にとると，最も近い解 $\alpha_1 = 1$ に収束しないで，最も遠い解 $\alpha_3 = -1$ に収束する．

一方，$\alpha_1, \alpha_2, \alpha_3$ のごく近くに x_0 をとれば，その近くの解に収束する．しかし，たとえば $x_0 = 0.512$ は $\alpha_1 = 1$ に最も近いが，図 3-5 からも分かるように，このときは $\alpha_3 = -1$ に収束する．このように，$x_0 = 0.512$ は $\alpha_1 = 1$ の「ごく近く」とはいえない．

一般に複雑な関数では，振動を起こして収束しなかったり，途中でオーバーフローしたり，見当違いの解に収束したりすることがある．実際に計算するときは，解のだいたいの見当をつけておいてから数値計算すべきである．

ニュートン法の長所と短所　ニュートン法を利用するに当たって注意すべき点をまとめると次のようになる．

(1) 解のだいたいの見当をつけて初期値をえらぶこと．結果が見当と違っていたときには，注意深く調べ直すこと．

50 —— **3** 非線形方程式とニュートン法

(2) 近接した解は分離しにくい. 2つの近接解があるときは,その両側に初期値をえらぶことによって分離できることがある.

(3) 収束判定がきびしすぎると,収束しないで無限に繰り返すことがある. 甘すぎるとよい近似値が得られない. このかね合いがむつかしい. とくに重根については途中経過をプリントしてみると判断がつく.

ニュートン法は,収束しはじめると,その後の収束は速い. とくに単根は2乗収束だから,収束性はたいへんよい. また解が1つしかない場合には,遠く離れた初期値から出発しても必ずその解に収束する. 複素数計算をすれば,複素数の解も求められる. これらの特徴のために,ニュートン法は非線形方程式の強力な解法となっている.

<hr>

||||||||||||||||||||||||||||||||||||||||||||||||||||||||| **問 題 3-2** |||||||||||||||||||||||||||||||||||||||||||||||||||||||||

1. 例題 3.1 と前節の問題 3-1 の問1において求めた $\sqrt{2}$ と $\sqrt{3}$ の値は,それぞれ $x^2-2=0$, $x^2-3=0$ の単根であった. これらの場合について,2乗収束であることを確かめよ,

2. $x(x-1)^2=0$(例題 3.2)を,初期値 $x_0=0.1$ としてニュートン法で解け.

3. $f(x)=x^3-x=0$ を次のようにしてニュートン法で解け.

(1) 初期値を $x_0=1.1, 0.9, 0.3, -0.3, -0.9, -1.1$ としたとき,$\alpha_1=1$, $\alpha_2=0$, $\alpha_3=-1$ のどの解に収束するか,それぞれの場合について予想せよ.

(2) 実際に数値計算をして,予想を確かめよ.

||||||||||||||||||||||||||||||||||||||||||||||||||||||||||||||||||||||||||||||||||||||||||||||||||||||||||||||||||||||||||||||||||||

<hr>

第 3 章 演 習 問 題

[1] 次の平方根の値を $x^2-a=0$ を解くことにより,小数点以下6桁まで正確に求めよ. 反復回数はそれぞれ何回か.

(1) $\sqrt{5}=2.23606797\cdots$　　　(2) $\sqrt{6}=2.44948974\cdots$

(3) $\sqrt{7} = 2.64575131\cdots$ (4) $\sqrt{8} = 2.82842712\cdots$

(5) $\sqrt{10} = 3.16227766\cdots$

[2] 次の方程式を解け．

  (1) $x^3-6x^2+11x-6=0$ (2) $x^3-3x+2=0$ (3) $x^3+1=0$

[3] 次の方程式の解を小数点以下6桁まで正確に求めよ．

  (1) $\tan x - 1 = 0 \quad (0<x<1)$ (2) $\pi \sin x - 2x = 0 \quad (-\pi<x<\pi)$

  (3) $e^{2x}-3e^x+2=0 \quad (0<x<1)$

Coffee Break

コンピュータと初等関数の値

$\sqrt{x}$, $\sin x$, $\cos x$, $\log x$, e^x のような関数を初等関数というが，初等関数
はFORTRANプログラムでは単に SQRT(X),SIN(X),COS(X),ALOG
(X),EXP(X) などと書けば，x の平方根，正弦関数，余弦関数，対数関数，
指数関数などの値を計算してくれる．これはそれぞれの初等関数の関数副プ
ログラムを計算機システムがもっていて，SQRT(X),SIN(X),COS(X),
ALOG(X),EXP(X) などの文字列がプログラムの中にあると，直ちにそれ
ぞれの計算機システム関数を呼び出して関数値を求めてくれるようになって
いるからである．それぞれのシステム関数はどんな方法で関数値を求めてい
るのだろうか．

　平方根は第3章で述べたニュートン法を使っている．SQRT(X) の x が
負のときにはニュートン法は収束しない（なぜか？）ので，エラーとしてメッ
セージをプリントして，プログラムの実行は原則としてストップする．

　平方根以外の初等関数は x の無限級数（テイラー展開）で表わされる．たと
えば正弦関数 $\sin x$ は

$$\sin x = x - \frac{1}{3!}x^3 + \frac{1}{5!}x^5 - \frac{1}{7!}x^7 + \frac{1}{9!}x^9 - \frac{1}{11!}x^{11} + \cdots$$

と表わされる．無限項の和を求めることはできないので有限項で打ち切る．
そのために生ずる打切り誤差を可能な限り小さくするように，各項の係数を
すこし修正した式を使う．第6項で打ち切ったときの式は

$$\sin x = x - 0.1666666664x^3 + 0.0083333315x^5 - 0.0001984090x^7$$
$$+ 0.0000027526x^9 - 0.0000000239x^{11}$$

である．この式の $-\pi/2 \leqq x \leqq \pi/2$ での誤差は 2×10^{-9} より小さい．x がこの
範囲にないときは三角関数の和の公式を用いてこの範囲に変換してやる．

連立1次方程式

理学や工学の問題には，結局，連立1次方程式を解くことに帰着するものが多い．しかも未知数の数が多いのがふつうである．未知数が x, y, z の3つくらいの連立1次方程式は，式の計算で解ける．未知数が多くなると，連立1次方程式を式の計算で解くのは容易ではない．そこで威力を発揮するのがコンピュータで解く数値計算法である．未知数の数が多いと，数値計算の手順によっては誤差が大きくなるから，問題に適した手順を選ばなくてはいけない．この章では基本的な4つの手順を学ぶ．

54 —— **4** 連立1次方程式

4-1 連立1次方程式と数値計算法

連立1次方程式 3つの未知数 x, y, z についての3つの1次方程式

$$\begin{cases} 3x+2y+\ z = 10 \\ 2x+4y-\ z =\ \ 7 \\ \ \ x+\ \ y+5z = 18 \end{cases} \tag{4.1}$$

を3元連立1次方程式とよぶ. この程度の方程式なら筆算でも容易に解くことができる. しかし, 未知数の数が多くなるにつれて解くのが次第にむつかしくなる. 一方, 理工学の分野に現われる問題では, 連立1次方程式を解くことに帰着されるものが非常に多く, しかも未知数の数は, 数個どころか数十でも少ない方で, 数万以上に達することもある. 未知数の数が多いときは筆算で正確に解くことは実際問題として不可能である. この章でわれわれが学ぼうとするのは, 筆算ではとうてい解けない大きな連立1次方程式を, 数値計算によって解く方法である.

　連立1次方程式の数値解法にはいる前に, 連立1次方程式の理論の復習を簡単にしておこう. これまでに読者が数学で解いてきた連立1次方程式の問題はほとんど, ただ1つの解をもっていたであろう. ところが, 理工学に出てくる問題はいつもそうとはかぎらない. ひとくちに連立1次方程式といっても, その連立1次方程式には解がなかったり, 解があってもたくさんの解があったり, あるいはひょっとしてただ1つだけあったりする. 数値計算によって連立1次方程式を解いているとき, 解が得られなかったり, 予想した解が得られないときには, その理由を理解することが必要である. すこし広い視野から連立1次方程式を眺めてみよう.

　n 個の未知数 $x_1, x_2, \cdots, x_n$ についての m 個の1次方程式

$$a_{11}x_1+a_{12}x_2+\cdots+a_{1n}x_n = b_1$$

$$a_{21}x_1+a_{22}x_2+\cdots+a_{2n}x_n = b_2$$

$$\cdots\cdots\cdots\cdots \tag{4.2}$$

4-1　連立 1 次方程式と数値計算法 ——— 55

$$a_{i1}x_1 + a_{i2}x_2 + \cdots + a_{in}x_n = b_i$$

$$\cdots\cdots\cdots\cdots$$

$$a_{m1}x_1 + a_{m2}x_2 + \cdots + a_{mn}x_n = b_m$$

を **n 元連立 1 次方程式**という．a_{11}, a_{12} から a_{mn} までの mn 個の**係数**と，b_1 から b_m までの m 個の**定数項**は与えられているものとする．(4.1)式の例でいえば，未知数の数 n と方程式の数 m とは等しく $n=m=3$ であり，係数 a_{ij} と定数項 b_i は

$$a_{11} = 3, \quad a_{12} = 2, \quad a_{13} = 1, \quad b_1 = 10$$
$$a_{21} = 2, \quad a_{22} = 4, \quad a_{23} = -1, \quad b_2 = 7$$
$$a_{31} = 1, \quad a_{32} = 1, \quad a_{33} = 5, \quad b_3 = 18$$

である．

　係数を (4.2)式の順に書き並べて大きな括弧でくくったものを**行列**(matrix)という．この行列に A という名前をつけると，

$$A = \begin{pmatrix} a_{11} & a_{12} & \cdots & a_{1j} & \cdots & a_{1n} \\ a_{21} & a_{22} & \cdots & a_{2j} & \cdots & a_{2n} \\ & & \cdots\cdots\cdots & & \\ a_{i1} & a_{i2} & \cdots & a_{ij} & \cdots & a_{in} \\ & & \cdots\cdots\cdots & & \\ a_{m1} & a_{m2} & \cdots & a_{mj} & \cdots & a_{mn} \end{pmatrix} \begin{matrix} 第1行 \\ 第2行 \\ \\ 第i行 \\ \\ 第m行 \end{matrix} \tag{4.3}$$

第1列　第2列　第j列　第n列

横の $a_{i1}, a_{i2}, \cdots, a_{ij}, \cdots, a_{in}$ を第 i 行といい，縦の $a_{1j}, a_{2j}, \cdots, a_{ij}, \cdots, a_{mj}$ を第 j 列という．(4.3)式は，全部で mn 個の a_{ij} からなる **m 行 n 列の行列**である．$m=n$ のとき，A は **n 次正方行列**という．

　$x_1, x_2, \cdots, x_n$ を縦に並べ，また $b_1, b_2, \cdots, b_m$ を縦に並べて

$$\boldsymbol{x} = \begin{pmatrix} x_1 \\ x_2 \\ \vdots \\ x_n \end{pmatrix}, \qquad \boldsymbol{b} = \begin{pmatrix} b_1 \\ b_2 \\ \vdots \\ b_m \end{pmatrix} \tag{4.4}$$

と書けば，$\boldsymbol{x}$ は n 行 1 列の行列であり，これを **n 次元ベクトル**(vector)という．

56 —— **4** 連立 1 次方程式

本書ではベクトルを太い文字で表わす．同様に，b は m 行 1 列の行列であり，m 次元ベクトルという．行列とベクトルを使って，連立 1 次方程式 (4.2) は，簡単に

$$A\boldsymbol{x} = \boldsymbol{b} \tag{4.5}$$

と表わされる．行列の中の 1 つ 1 つの文字 $a_{ij}\,(i=1, 2, \cdots, n\,;\,j=1, 2, \cdots, m)$ を行列 A の **要素** という．また，$x_i\,(i=1, 2, \cdots, n)$ および $b_i\,(i=1, 2, \cdots, m)$ のような 1 列の行列の要素を，とくにベクトルの **成分** という．

行列 A の各列を 1 つのベクトルとみなして，

$$\boldsymbol{a}_1 = \begin{pmatrix} a_{11} \\ a_{21} \\ \vdots \\ a_{i1} \\ \vdots \\ a_{m1} \end{pmatrix}, \quad \boldsymbol{a}_2 = \begin{pmatrix} a_{12} \\ a_{22} \\ \vdots \\ a_{i2} \\ \vdots \\ a_{m2} \end{pmatrix}, \quad \boldsymbol{a}_3 = \begin{pmatrix} a_{13} \\ a_{23} \\ \vdots \\ a_{i3} \\ \vdots \\ a_{m3} \end{pmatrix}, \quad \cdots, \quad \boldsymbol{a}_n = \begin{pmatrix} a_{1n} \\ a_{2n} \\ \vdots \\ a_{in} \\ \vdots \\ a_{mn} \end{pmatrix}$$

とおくと，行列 A は

$$A = (\boldsymbol{a}_1 \quad \boldsymbol{a}_2 \quad \cdots \quad \boldsymbol{a}_i \quad \cdots \quad \boldsymbol{a}_n) \tag{4.6}$$

と表わされる．行列をベクトルの集まりとみたこの表わし方を使えば，連立 1 次方程式 $A\boldsymbol{x}=\boldsymbol{b}$ は

$$\boldsymbol{a}_1 x_1 + \boldsymbol{a}_2 x_2 + \cdots + \boldsymbol{a}_n x_n = \boldsymbol{b} \tag{4.7}$$

とも書ける．

クラメルの公式　$m=n$ であるとき，すなわち A が正方行列であるときで，かつ n が $n=2$ とか $n=3$ のように小さいときには，連立 1 次方程式の解は筆算でも簡単に求められる．n が一般の値をもつときには，理論的には解は **クラメル** (Cramer) **の公式**

$$x_j = \frac{\det A_j}{\det A} \qquad (j=1, 2, \cdots, n) \tag{4.8}$$

によって求められる．ここで，$\det A$ は A の **行列式** (determinant) で，det はデターミナントと読む．また，A_j は A の第 j 列 $\boldsymbol{a}_j$ を $\boldsymbol{b}$ で置き換えてつくった n 次正方行列で

4-1 連立1次方程式と数値計算法 ———— 57

$$A_1 = (\boldsymbol{b} \quad \boldsymbol{a}_2 \quad \boldsymbol{a}_3 \quad \cdots \quad \boldsymbol{a}_n)$$
$$A_2 = (\boldsymbol{a}_1 \quad \boldsymbol{b} \quad \boldsymbol{a}_3 \quad \cdots \quad \boldsymbol{a}_n)$$
$$\cdots\cdots\cdots\cdots \tag{4.9}$$
$$A_i = (\boldsymbol{a}_1 \quad \boldsymbol{a}_2 \quad \cdots \quad \boldsymbol{a}_{i-1} \quad \boldsymbol{b} \quad \boldsymbol{a}_{i+1} \quad \cdots \quad \boldsymbol{a}_n)$$
$$\cdots\cdots\cdots\cdots$$
$$A_n = (\boldsymbol{a}_1 \quad \boldsymbol{a}_2 \quad \cdots \quad \boldsymbol{a}_{n-1} \quad \boldsymbol{b})$$

である. (4.1)の例でいえば,

$$A_1 = \begin{pmatrix} 10 & 2 & 1 \\ 7 & 4 & -1 \\ 18 & 1 & 5 \end{pmatrix}, \quad A_2 = \begin{pmatrix} 3 & 10 & 1 \\ 2 & 7 & -1 \\ 1 & 18 & 5 \end{pmatrix}, \quad A_3 = \begin{pmatrix} 3 & 2 & 10 \\ 2 & 4 & 7 \\ 1 & 1 & 18 \end{pmatrix}$$
$$\tag{4.10}$$

したがって,

$$\det A = 39, \ \det A_1 = 39, \ \det A_2 = 78, \ \det A_3 = 117 \tag{4.11}$$

となり, これを(4.8)に代入すれば, $x_1=1,\ x_2=2,\ x_3=3$ が得られる.

クラメルの公式は分母に $\det A$ があるために, $\det A \neq 0$ のときだけ意味があり, $\det A = 0$ のときには使えない. しかし, $\det A = 0$ であっても,「解がない」とはかぎらない. $\det A = 0$ で, かつ解が存在する例を1つ示そう. たとえば,

$$\left.\begin{array}{r} x+2y+3z = 6 \\ x-y+z = 1 \\ 2x+y+4z = 7 \end{array}\right\} \quad \text{すなわち} \quad A = \begin{pmatrix} 1 & 2 & 3 \\ 1 & -1 & 1 \\ 2 & 1 & 4 \end{pmatrix} \tag{4.12}$$

の場合, $\det A = 0$ であるが, 解は無数に存在する. このことを以下で確かめてみよう. (4.12)から $A_j\,(j=1,2,3)$ は

$$A_1 = \begin{pmatrix} 6 & 2 & 3 \\ 1 & -1 & 1 \\ 7 & 1 & 4 \end{pmatrix}, \quad A_2 = \begin{pmatrix} 1 & 6 & 3 \\ 1 & 1 & 1 \\ 2 & 7 & 4 \end{pmatrix}, \quad A_3 = \begin{pmatrix} 1 & 2 & 6 \\ 1 & -1 & 1 \\ 2 & 1 & 7 \end{pmatrix} \tag{4.13}$$

と表わされるから, $\det A_1 = \det A_2 = \det A_3 = 0$ となる. すなわちクラメルの公式は0/0の不定形である. この問題の場合, (4.12)の第1式と第2式を辺々加えれば

$$2x+y+4z = 7$$

58 ── **4** 連立 1 次方程式

となり，第 3 式と一致する．すなわち，第 1 式と第 2 式を満たす x, y, z は第 3 式を自動的に満たしている．そして，変数の 1 つ，たとえば z にどんな値を与えても，得られる x と y は方程式を満足する．つまり，「無数に多くの解がある」ことになる．この例の「無数」の程度は，x, y, z の中の 1 つだけが勝手な値を取れる程度である．2 つ以上の未知数に勝手な値を与えて，3 つの方程式を満足させることはできない．

一般に，n 個の未知数に対する n 個の連立 1 次方程式において，解がただ 1 つ存在するための必要十分条件は，

$$\det A \neq 0 \tag{4.14}$$

である．n 個の未知数のうち，k 個の未知数が勝手な値を取ることが許されるとき，$r = n - k$ の値をこの行列の**階数**または**ランク** (rank) という．平たくいえば，ランクとは「勝手に取れない未知数の数」である．ランク $r = n$（したがって $k = 0$）のときには，勝手にとれる未知数の数は 0 であり，$\det A \neq 0$ となり，解はただ 1 つだけ存在する．

A のランク r はまた，A の列ベクトルのうち，**1 次独立**な列ベクトルの最大数でもある．いま，r 個のベクトル $\boldsymbol{a}_1, \boldsymbol{a}_2, \cdots, \boldsymbol{a}_r$ の**1 次結合**をつくって 0 とおく．すなわち

$$c_1 \boldsymbol{a}_1 + c_2 \boldsymbol{a}_2 + \cdots + c_r \boldsymbol{a}_r = 0 \tag{4.15}$$

において，係数 $c_1, c_2, \cdots, c_r$ がすべて 0 の場合だけこの式が成りたつとき，この r 個のベクトルは 1 次独立であるという．たとえば，(4.12) の例で，A の 3 つの列ベクトルは

$$\boldsymbol{a}_1 = \begin{pmatrix} 1 \\ 1 \\ 2 \end{pmatrix}, \quad \boldsymbol{a}_2 = \begin{pmatrix} 2 \\ -1 \\ 1 \end{pmatrix}, \quad \boldsymbol{a}_3 = \begin{pmatrix} 3 \\ 1 \\ 4 \end{pmatrix} \tag{4.16}$$

であるが，この 3 つのベクトルの 1 次結合

$$c_1 \boldsymbol{a}_1 + c_2 \boldsymbol{a}_2 + c_3 \boldsymbol{a}_3 = 0 \tag{4.17}$$

は，$c_1 = 5$, $c_2 = 2$, $c_3 = -3$ とすれば満足される（問題 4-1 問 1）から，3 つのベクトルは 1 次独立ではない．（このような場合，**1 次従属**であるという．）ところ

4-1 連立1次方程式と数値計算法 ―― 59

が，3つのベクトルのうちの任意の2つを取ってつくった1次結合3つはどれ
も，係数が全部0でなければ，0にならない(問題 4-1 問2)：

$$c_1\boldsymbol{a}_1 + c_2\boldsymbol{a}_2 = 0 \qquad ならば \qquad c_1 = c_2 = 0$$
$$c_2\boldsymbol{a}_2 + c_3\boldsymbol{a}_3 = 0 \qquad ならば \qquad c_2 = c_3 = 0 \qquad (4.18)$$
$$c_3\boldsymbol{a}_3 + c_1\boldsymbol{a}_1 = 0 \qquad ならば \qquad c_3 = c_1 = 0$$

すなわち，$\boldsymbol{a}_1$ と $\boldsymbol{a}_2$ と $\boldsymbol{a}_3$ のうちの任意の2つは1次独立である．1次独立なベ
クトルの最大数がランクであるから，$A = (\boldsymbol{a}_1 \ \ \boldsymbol{a}_2 \ \ \boldsymbol{a}_3)$ のランクは $r = 2$ である．

1次独立および1次従属という性質は，正方行列でなくても成立する概念で
あるが，行列式 $\det A$ の値は正方行列のときだけに意味のある概念である．

さて，$\det A = 0$ の場合には，いつでも解は無数にあるかといえば，そうでは
ない．(4.12)の例では，$\det A = 0$ であると同時に，$\det A_1 = \det A_2 = \det A_3 = 0$
であった．A_1, A_2, A_3 の行列式が0であるのは $\boldsymbol{b}$ によったのである．$\boldsymbol{b}$ が

$$\boldsymbol{b} = \begin{pmatrix} 6 \\ 1 \\ 7 \end{pmatrix} \qquad の代わりに，たとえば \qquad \boldsymbol{b} = \begin{pmatrix} 6 \\ 1 \\ 5 \end{pmatrix}$$

ならば，どんな x, y, z をもってきても3つの方程式を同時に満足させることは
できない．すなわち「解は存在しない」．

以上をまとめると，n 次正方行列 A をもつ連立1次方程式 $A\boldsymbol{x} = \boldsymbol{b}$ において，

(1) $\det A \neq 0$ のときには，解は存在し，しかもただ1つだけ存在する．こ
のときのランクは $r = n$ である．

(2) $\det A = 0$ のときには，解は無数に存在することもあり，また存在しな
いこともある．どちらになるかは定数項 $\boldsymbol{b}$ による．$\det A = 0$ のときのラ
ンクは $r < n$ である．解が無数に存在するときには，$n - r$ 個の未知数は勝
手に取れる．この $n - r$ 個の未知数が決められると，残りの r 個の未知数
は決まってしまう．

今後はとくに断わらないかぎり，係数行列 A は正方行列であって，$\det A \neq 0$
を仮定する．この仮定のもとで，連立1次方程式の数値解法を考えることにし
よう．ただし，これは決して，「$\det A = 0$ のときには数値解を求めることはで

60 —— **4** 連立 1 次方程式

きない」ということではないことを注意しておく．$\det A = 0$ のときの連立 1 次方程式の数値解法に関しては，これ以上立ち入らない．

　クラメルの公式を用いて解を求めるには，A および $A_1, A_2, \cdots, A_n$ の，$n+1$ 個の行列の行列式を数値計算する必要がある．ところが，これが膨大な計算となるのである．おのおのの行列式は n 次の正方行列の行列式であるから，その値は，n 個の行列要素の積の $n!$ 項の和によって与えられる．積を 1 つ求めるにも $n-1$ 回の乗算が必要である．したがって全乗算回数は $(n+1) \cdot n! \cdot (n-1)$ 回となる．（その他に加減算があるが，乗算に比べると負担が少ないので無視しよう．）　乗算回数は，$n=2$ のとき $3 \cdot 2! \cdot 1 = 6$ 回，$n=3$ のとき $4 \cdot 3! \cdot 2 = 48$ 回である．この程度なら多少苦労すれば何とかなる．しかし $n=10$ ともなると，じつに $359{,}251{,}200$ 回（約 3 億 6000 万回）の乗算回数になる．1 秒間に 10^6 回（100 万回）の乗算を行なう高速コンピュータでも 6 分間かかることになる．

　計算時間よりもっと要注意のことは，じつは加減算なのである．1 つの行列式の計算において $n!$ 個の項の半分は加算，他の半分は減算されるため，ここでしばしば絶望的な桁落ちが起こり，正確さがいちじるしく損なわれてしまう．$n=10$ くらいでも数値計算の結果は，まったく信用できなくなる．こういったことから，クラメルの公式が数値計算に用いられることはない．

　直接法と反復法　さて，いよいよ連立 1 次方程式の数値計算による解法，すなわち数値解法の説明にはいろう．連立 1 次方程式の数値解法は，大きく分けて，**直接法**と**反復法**の 2 つがある．直接法とは，一定の手順を 1 回繰り返すだけで解を求める方法である．これに対して反復法は，第 3 章で述べた非線形方程式におけるニュートン法のように，ある初期値から出発して繰り返し演算を行ない，満足のいく精度に達したところで繰り返しを止めて，近似解を求める方法である．

　直接法は主として未知数の数 n が小さいときに用いられる．反復法は主として未知数の数 n が大きいときに用いられる．未知数の数 n が大きい問題では，行列要素のほとんどが 0 であるようなことがよくある．このような行列（疎行列）の 0 である要素を加えたり掛けたりすることは無用な計算といえる．直接

4-2 ガウスの消去法 —— 61

法の方が手順は簡単であるが，反復法は，ちょっと工夫すると，無意味な演算をしないですますことができるという利点がある．もっと重要なことは，反復法は大型 $(n>100)$ の連立1次方程式に正しく用いると，直接法より格段によい精度の解が得られることである．このことは，以下で次第に明らかになるであろう．

本書で取り上げる直接法と反復法には次のものがある．

直接法　(1) ガウスの消去法

　　　　(2) LU 分解法

反復法　(1) ヤコビ法

　　　　(2) ガウス・ザイデル法

おのおのの方法にはそれぞれ特徴があり，その特徴を理解したうえで使用しなければならない．また，このほかにもたくさんの方法があるが，上の4つは基本となる方法であり，本書ではこの4つの方法を取り上げるにとどめる．

━━━━━━━━━━━━━━ 問　題 4-1 ━━━━━━━━━━━━━━

1. a_1, a_2, a_3 が (4.16) 式で与えられているとする．このとき，a_1, a_2, a_3 は1次従属であることを示せ．

2. a_1, a_2, a_3 が (4.16) 式で与えられているとする．このとき，次の各小問を示せ．

(1)　a_1, a_2 は1次独立である．

(2)　a_2, a_3 は1次独立である．

(3)　a_3, a_1 は1次独立である．

4-2 ガウスの消去法

消去法と代入法　連立1次方程式を筆算で解く時に，もっともよく使われる方法は，消去法と代入法であろう．次にのべるガウス (Gauss) の**消去法**とよばれる数値計算法は，その消去法と代入法を手順として系統的に組織だてたもの

62 ——— **4　連立1次方程式**

である.

　ガウスの消去法では，まず方程式から未知数を1つずつ消去していき，最後に求まった未知数を逆に順次代入していくことによって，全部の解を求める．すなわち，この手順は，消去段階と代入段階の2段階からなっている．大体の様子を知るために，次の例をこの手順で解いてみよう．

$$\begin{cases} 4x+\ y+\ z=\ 9 & (1) \\ \ x+3y+\ z=10 & (2) \\ 2x+\ y+5z=19 & (3) \end{cases} \qquad (4.19)$$

1. 消去段階(**前進消去**という)

　1.1　(4.19)式の(2), (3)から x を消去

　　(1)を x の係数4で割って，x の係数を1とする．

$$x+0.25y+0.25z=2.25 \qquad (1')$$

　　(2)から x を消去する：　(2)−(1′)

$$2.75y+0.75z=7.75 \qquad (2')$$

　　(3)から x を消去する：　(3)−(1′)×2

$$0.5y+4.5z=14.5 \qquad (3')$$

　1.2　(3′)式から y を消去

　　(2′)を y の係数2.75で割って，y の係数を1とする．

$$y+0.2727\cdots z=2.8181\cdots \qquad (2'')$$

　　(3′)から y を消去する：　(3′)−(2″)×0.5

$$4.3636\cdots z=13.0909\cdots \qquad (3'')$$

　1.3　(3″)を z の係数4.3636… で割って z の係数を1として z を求める．

$$z=3 \qquad (3''')$$

2. 代入段階(**後退代入**という)

　2.1　(2″)に z を代入して y を求める．

$$y=2.8181\cdots-0.2727\cdots z$$
$$=2 \qquad (2''')$$

　2.2　(1′)に y, z を代入して x を求める．

$$x = 2.25 - 0.25y - 0.25z$$
$$= 1 \qquad\qquad (1''')$$

ここまではふつうの筆算と同じである．これを数値解法に移すために，まずこの手順を，次のように係数と定数項だけのテーブル（行列）で表わす．

［第0段階］　係数と定数項

4	1	1	9	(1)
1	3	1	10	(2)
2	1	5	19	(3)

［第1段階］　前進消去

テーブル1.1　x の消去

1	0.25	0.25	2.25	(1′)
0	2.75	0.75	7.75	(2′)
0	0.5	4.5	14.5	(3′)

テーブル1.2　y の消去

0	1	0.2727⋯	2.8181⋯	(2″)
0	0	4.3636⋯	13.0909⋯	(3″)

テーブル1.3　z の消去（決定）

0	0	1	3	(3‴)

［第2段階］　後退代入（y, x の順に解を求める．z は決定済み）

テーブル2.1　y を求める．

0	1	0.2727⋯	2	(2‴)

テーブル2.2　x を求める．

1	0.25	0.25	1	(1‴)

さて，ここまで準備のできたところで，いよいよ最終目的のテーブル作成にとりかかろう．そのために，上のテーブルの，

(1), (1′), (1‴)　　　　の係数と定数項を新しい行列の第1行に，

(2), (2′), (2″), (2‴)　の係数と定数項を新しい行列の第2行に，

(3), (3′), (3″), (3‴)　の係数と定数項を新しい行列の第3行に，

64 —— **4** 連立1次方程式

それぞれ書きこむことにする．といっても，これだけでは何をどうすればよい
のか，さっぱり分からないに違いない．順を追って説明しよう．

　まず最初に，テーブル(行列)の各場所(要素)に連立1次方程式の係数と定数
項を書く．すなわち第0段階のテーブルがそのまま書かれていることになる．

　ついで，第1段階のテーブル1.1をその上に「かぶせて」書きこむ．つまり，
(1), (2), (3)の上に，(1′), (2′), (3′)を重ねて見た場合，同じ位置の要素同士が
等しければそのままにしておいて，異なっていれば新しい数値に書きかえる．
この例の場合は，すべて書きかえられることになる．

　これがすんだら，テーブル1.2をこの上に「かぶせる」．(1″)がないから，第
1行は自動的にそのままとなり，(2″), (3″)だけが重ねられることになるが，
その2つの行の第1列はそれぞれ等しいので，これも変わらない．

　以下同様にして，上の手順に従ってテーブルをだんだん書き改めていくので
ある．テーブルの各場所の数値は手順が進むにつれて変化していき，手順が終
わったときには，係数行列 A があった正方形の部分は左下半分が0になり，対
角線は1になる．そして，定数項のはいっていた場所に解がはいっているので
ある．この様子を具体的に，次に示す．

　0. テーブルの最初

4	1	1	9
1	3	1	10
2	1	5	19

1. 前進消去

　1.1 x の消去

1	0.25	0.25	2.25
0	2.75	0.75	7.75
0	0.5	4.5	14.5

　1.2 y の消去

1	0.25	0.25	2.25
0	1	0.2727⋯	2.8181⋯

4-2 ガウスの消去法 ───── 65

0	0	4.3636…	13.0909…

1.3 z の決定

1	0.25	0.25	2.25
0	1	0.2727…	2.8181…
0	0	1	3

2. 後退代入

2.1 y を求める.

1	0.25	0.25	2.25
0	1	0.2727…	2
0	0	1	3

2.2 x を求める.

1	0.25	0.25	1
0	1	0.2727…	2
0	0	1	3

第4列に x, y, z が求まっている. すなわち, これが最終目的のテーブルなのである.

実際に, 上の6つのテーブルを紙に書いて数値計算をするときには, 網かけ(灰色)部分だけが変わるのだから, ほかの部分は前のままを書き写せばよい. 書き写すのが面倒なら, 変わるところだけを消しゴムで消して書き直すことも考えられるが, 後で検算をするために, 面倒であっても, やはり6つのテーブルを順に書くようにした方がよい.

この方法によってコンピュータで計算するためのプログラムを作るときには, テーブルは, 1つの n 行 $n+1$ 列の FORTRAN の配列を用いればよい. 代入ごとに配列のもっている値は自動的に新しい値が代入されるから, 筆算のときのようにあえて消す必要はない.

ガウスの消去法の手順 さて, 上で述べた手順を, 未知数が n 個の連立1次方程式に一般化してみよう.

方程式を $Ax=b$ として, 最初にテーブルを

66 ——— **4** 連立 1 次方程式

$$
\begin{array}{ccccccccc}
a_{11} & a_{12} & a_{13} & \cdots & a_{1j} & \cdots & a_{1n} & a_{1,n+1}(=b_1) \\
a_{21} & a_{22} & a_{23} & \cdots & a_{2j} & \cdots & a_{2n} & a_{2,n+1}(=b_2) \\
& & \multicolumn{3}{c}{\cdots\cdots\cdots} & & & \\
a_{i1} & a_{i2} & a_{i3} & \cdots & a_{ij} & \cdots & a_{in} & a_{i,n+1}(=b_i) \\
& & \multicolumn{3}{c}{\cdots\cdots\cdots} & & & \\
a_{n1} & a_{n2} & a_{n3} & \cdots & a_{nj} & \cdots & a_{nn} & a_{n,n+1}(=b_n)
\end{array}
\tag{4.20}
$$

と設定する. 定数項の $b_i\,(i=1,2,\cdots,n)$ を係数の第 $n+1$ 列のようにみなして $a_{i,n+1}\,(i=1,2,\cdots,n)$ と書いた. このテーブルを次の手順で変形していく.

1. 前進消去 $(x_1, x_2, \cdots, x_k, \cdots, x_{n-1}$ の順に消去, x_n の決定)

1.1 x_1 の消去

$\cdots\cdots\cdots\cdots$

1.k x_k の消去

第 k 行を $p=a_{kk}$ で割り，第 i 行 $(i>k)$ からは第 k 行の a_{ik} 倍を引く. すなわち

第 k 行 $\qquad p = a_{kk}, \quad a_{kk}=1, \quad a_{kj}=a_{kj}/p \qquad (j>k)$

第 i 行 $(i>k) \quad a_{ik}=0, \quad a_{ij}=a_{ij}-a_{ik}a_{kj} \qquad\qquad (j>k)$

その結果，テーブルは次の形になる.

$$
\begin{array}{ccccccccc}
1 & a_{12} & a_{13} & \cdots & a_{1k} & a_{1,k+1} & \cdots & a_{1n} & a_{1,n+1} \\
0 & 1 & a_{23} & \cdots & a_{2k} & a_{2,k+1} & \cdots & a_{2n} & a_{2,n+1} \\
& & & \multicolumn{3}{c}{\cdots\cdots\cdots} & & & \\
0 & 0 & 0 & \cdots & 1 & a_{k,k+1} & \cdots & a_{kn} & a_{k,n+1} \\
0 & 0 & 0 & \cdots & 0 & a_{k+1,k+1} & \cdots & a_{k+1,n} & a_{k+1,n+1} \\
& & & \multicolumn{3}{c}{\cdots\cdots\cdots} & & & \\
0 & 0 & 0 & \cdots & 0 & a_{n,k+1} & \cdots & a_{nn} & a_{n,n+1}
\end{array}
$$

こうして，第 1 行から第 k 行までの対角要素は 1 になり，その下の要素は 0 になる.

なお，上のテーブルの a_{ij} は，最初の a_{ij} ではなくなっていることに注意.

1.$\boldsymbol{k}$**+1** x_{k+1} の消去

　　　………………

1.$\boldsymbol{n}$　x_n の消去（決定）

　　第 n 行を $p=a_{nn}$ で割る．このとき $a_{n,\,n+1}=x_n$ となり，x_n が得られる．

　　　ここまでの作業によって，係数行列は，対角線より下の要素はすべて 0 である**上三角行列**になっている．また，対角要素はすべて 1 である．

2.　後退代入（$x_{n-1},x_{n-2},\cdots,x_k,\cdots,x_1$ の順に解を求める）

2.1　x_{n-1} を求める．

$$x_{n-1}(=a_{n-1,\,n+1})=a_{n-1,\,n+1}-a_{n-1,\,n}a_{n,\,n+1}$$

2.2　x_{n-2} を求める．

　　　………………

2.$\boldsymbol{n}$**−**$\boldsymbol{k}$　x_k を求める．

$$x_k(=a_{k,\,n+1})=a_{k,\,n+1}-\sum_{j=k+1}^{n}a_{kj}a_{j,\,n+1}$$

2.$\boldsymbol{n}$**−**$\boldsymbol{k}$**+1**　x_{k-1} を求める．

　　　………………

2.$\boldsymbol{n}$**−1**　x_1 を求める．

$$x_1(=a_{1,\,n+1})=a_{1,\,n+1}-\sum_{j=2}^{n}a_{1j}a_{j,\,n+1}$$

以上の手順を PAD で表わしたのが図 4-1 である．PAD（およびプログラム）では，a_{ij},x_i,b_i のような，行列の要素やベクトルの成分など添字つきの変数（配列）は，$\mathrm{a(i,j)},\mathrm{x(i)},\mathrm{b(i)}$ のように表わす．図中の m については後で述べるが，ここでは m は 1 としておいてもらいたい．

　この手順の開始前は，a_{ij} には連立 1 次方程式の係数（$j\leqq n$）と定数項（$j>n$）がある．本節のはじめに述べたように，全体の手順は「前進消去」と「後退代入」の 2 つの部分から成り立っている．図 4-1 の PAD では，手順終了時には，解 x_i が $a_{i,\,n+1}$（$i=1,2,\cdots,n$）に求められていて，他の a_{ij}（$j\neq n+1$）の右上半分（$i<j$）には前進消去終了後の値が記憶されている．これに対し，前進消去後には，対角要素 a_{ii} は 1，また左下半分の a_{ij}（$i>j$）は 0 になることがわかってい

図4-1 ガウスの消去法のPAD

るので，わざわざ $a_{ij}=1$ および $a_{ij}=0(i>j)$ とおく手間を省いてある．このため，図4-1のPADでは，対角線上の対角要素 a_{ii} には1とおく直前の値がはいり，左下半分 $a_{ij}(i>j)$ には0とおく直前の値がはいっている．「前進消去」の中の「ピボット選択」については次に述べるが，ここでは $p=a_{kk}$ とすることであるとしておこう．

このPADから，この計算に必要な乗除算の回数を求めることができる．前進消去では

$$\sum_{k=1}^{n}\left(\sum_{j=k+1}^{n+1}1+\sum_{i=k+1}^{n}\sum_{j=k+1}^{n+1}1\right)=\frac{1}{3}n^3+\frac{1}{2}n^2+\frac{1}{6}n \quad (4.21)$$

後退代入では

$$\sum_{k=1}^{n-1}\sum_{j=k+1}^{n}1=\frac{1}{2}n^2-\frac{1}{2}n \quad (4.22)$$

合計して

$$乗除算回数=\frac{1}{3}n^3+n^2-\frac{1}{3}n \quad (4.23)$$

となる．$n=10$ のとき430回であり，クラメルの公式による乗除算359,251,200

回の約83万5000分の1である．

ピボット選択 ところが，実際にガウスの消去法で計算を進めていく過程で，困難が生ずることがある．それは，前進消去の第 k 段階で第 k 行を対角要素 $p=a_{kk}$ で割っているところに原因がある．たまたま $a_{kk}=0$ となっていたりすると，それ以後の前進消去は不可能になる．たとえ $a_{kk} \neq 0$ であっても，a_{kk} の絶対値が小さいときは（x_k の係数 a_{kk} は1になるが），$x_j(j>k)$ の係数 $a_{kj}(j>k)$ が異常に大きくなる．したがって，その次の演算（図4-2を見よ）

$$a_{ij} = a_{ij} - a_{ik}a_{kj} \qquad (j>k) \qquad (4.24)$$

の第2項は，第1項に比べて絶対値が非常に大きくなる．((4.24)式の等号は代数式の等号ではなく，PAD図あるいはプログラムにおける等号，すなわち「左辺を右辺で置きかえよ」という代入文の意味の等号であることに注意．）そのため，第1項のもっている情報のうち，第2項の最下位の桁より下位の情報は失われてしまう．この失われた情報は丸めの誤差であるが，結果は無視できないほど大きい誤差になることが少なくない．

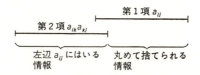

図4-2　$a_{ij} = a_{ij} - a_{ik}a_{kj}$ の演算時に生じうる丸めの誤差

この丸めの誤差をできるだけ小さくするには，p として選ぶ要素は a_{kk} ではなくて，$a_{ij}(i \geq k, j \geq k)$ の中でできるだけ絶対値の大きい要素を選び，この要素が対角線上にくるように行や列の入れ換えを行なえばよい．このように，p として選ぶ行列要素は重要な役割をもつので，この行列要素を**枢軸**または**ピボット**（pivot）といい，ピボットを選ぶことを**ピボット選択**という．

ピボット選択は図4-3に示したように行なう．いま，第 k 段階では第1行から第 $k-1$ 行まで消去が終わっているとする．そして，第 k 行第 k 列の要素 a_{kk} をピボット選択する必要が生じたとしよう．このとき，ピボット p は，未消去の第 k 行から第 n 行かつ第 k 列から第 n 列までの間の要素（すなわち，a_{ij} ただ

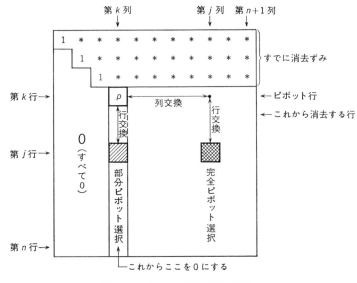

図 4-3　ピボット選択(第 k 段階)

し $i≧k, j≧k$) のうち,絶対値最大の要素を探してこなければならない.選択の範囲が,他の行の第 k 列の要素の中から探してくる選択法を**部分ピボット選択法**(partial pivotting)という.また,第 k 列から第 n 列までの他の行の要素の中から探してくる選択法を**完全ピボット選択法**(complete pivotting)という.いいかえると,部分ピボット選択法とは,$p=a_{ik}(i≧k)$ と選ぶことであり,完全ピボット選択法とは,$p=a_{ij}(i≧k, j≧k)$ と選ぶことである.

これまでにあげた例では $p=a_{kk}$ としていたが,これはじつはピボット p として第 k 行第 k 列の対角要素 a_{kk} を選んでいたことになる.このときは,行や列の入れ換えは不要である.

ピボット選択の範囲　どちらのピボット選択法にせよ,$p=a_{ij}$ と選択したとき,$i≠k$ なら(行の番号が違うなら),まず,この a_{ij} が対角要素の行にくるように第 i 行と第 k 行とを入れ換える.そうすると,それ以降の消去の手順を大きく変更せずにすむ.この入れ換えは,与えられた連立1次方程式の順番を入れ換えたことになるが,方程式の順番を入れ換えても解は変わらない.このよ

うに，部分ピボット選択法は行の順番の入れ換えだけですむので簡単である．
一方，$j \neq k$ のとき（列の番号が違うとき）は，まず行の入れ換えを行なったのち，
第 j 列と第 k 列の列の順番の入れ換えをする．すなわち解 x_j と x_k の係数を入
れ換えることになる．このとき，すでに消去がすんでいる第1行から第 $k-1$
行までの第 j 列と第 k 列も一緒に入れ換えてやらなければならないことに注意
しよう．また，第 $n+1$ 列は定数項だから，列の入れ換えの対象とはならない．
このように，完全ピボット選択法を行なうときには，一般に列の順番の入れ換
えを伴うので，前進消去のときにどの列とどの列とを入れ換えたかを覚えてお
いて，後退代入が終わって解が求め終わったときには，解の順番をもと通りに
並べ換えてやる必要がある．

　いうまでもなく，丸めの誤差をくいとめてよい数値解を求めるには，完全ピ
ボット選択の方がすぐれている．したがって，性質のよくない行列をもった連
立1次方程式を解くときに，完全ピボット選択法を用いる必要がある．しかし，
毎 k 段階に $(n-k+1)^2$ 個の要素の中からピボットを探してくるのはかなりの手
間を必要とする．ふつうの連立1次方程式では，第 k 列の $n-k+1$ 個の中だけ
からピボットを選択する部分ピボット選択法でも十分よい解が得られる．

　図 4-1 の PAD には部分ピボット選択法によるガウスの消去法が示されてい
る．この PAD の「ピボット選択」では，まずピボット p は a_{kk} であると予想
してピボットのある行番号を変数 l に $l=k$ と記憶させておき，もし第 $k+1$ 行
から第 n 行までの中に p より絶対値の大きな要素があったなら，その要素を p
としてその行番号を l に記憶する．第 n 行まで調べ終わったとき，ピボットの
ある行番号 l が k でなかったときは，ピボットのある第 l 行を第 k 行にもって
くるために，第 l 行と第 k 行を入れ換える．なお，PAD の中の abs(　) は，
(　) の中の数の絶対値を与える FORTRAN の関数である．

　行列式の計算　ガウスの消去法を用いると，行列式の計算をすることができ
る．行列式の値は次の性質をもっていることを思い出そう．
　(1) 1つの行（または列）の全部の要素を定数 p で割ると，行列式の値は $1/p$
　　倍される．したがって，もとの行列式の値は，p で割った行列式の値の p

72 ——— **4** 連立1次方程式

倍である.

(2) ある行(または列)にほかの行(または列)の定数倍を加えたり引いたりしても,行列式の値は変わらない.

(3) 2つの行(または列)を入れ換えると,行列式の値の符号が変わる.

(4) 三角行列の行列式の値は,対角要素の積の値に等しい. とくに,対角要素がすべて1である三角行列の行列式の値は1である.

ガウスの消去法の前進消去は,係数行列 A に対して,上の(1),(2),(3)の演算をほどこして,(4)の下半分の要素が0であるような上三角行列を作る. この上三角行列の行列式の値は1である.

したがって,係数行列 A の行列式の値を求めるには,単にピボットを掛け合わせれば得られることが分かる. ただし,ピボット選択のときに行(または列)の入れ換えを行なったならば,行列式の符号を変えることが必要である.

なお,大型行列(次数 $n \gg 1$)の行列式の値は,絶対値が非常に大きかったり,あるいは逆に,小さかったりすることが多い. そのために,数値計算のうえでは,オーバーフローやアンダーフローを起こしやすい. このようなときの行列式の値を求めるには一工夫が必要である. しかし本書では,それほど大きな行列は扱わないので,これ以上立ち入らない.

m 組の問題を一挙に解く　1組の連立方程式

$$A\boldsymbol{x} = \boldsymbol{b} \tag{4.5}$$

は,

$$\boldsymbol{a}_1 x_1 + \boldsymbol{a}_2 x_2 + \cdots + \boldsymbol{a}_n x_n = \boldsymbol{b} \tag{4.7}$$

と表わされ,さらにこの係数行列と定数項が(4.20)のテーブルで与えられることを前に述べた. さて,(4.5)式において,係数行列 A はそのままとし,定数項ベクトル $\boldsymbol{b}$ だけを異ならせたときのことを考えてみよう. すなわち,

$$A\boldsymbol{x} = \boldsymbol{b}_1$$
$$A\boldsymbol{x} = \boldsymbol{b}_2$$
$$\cdots\cdots\cdots \tag{4.25}$$
$$A\boldsymbol{x} = \boldsymbol{b}_m$$

4-2 ガウスの消去法 ——— 73

という，m 組の連立方程式を一挙に解くことはできないだろうか，という問題
である．

ガウスの消去法を上の各組にそれぞれほどこせばもちろん解けるのだが，そ
れでは同じ手順を m 回繰り返すことになってしまう．そのうえ，行列 A は 1
回ごとに三角行列になり，次の回には三角行列を捨ててもとの行列 A にもど
してからでないと，ガウスの消去法は実行できない．この無駄な繰り返しを避
けて，m 組の問題を一挙に解くには，図 4-1 の PAD において，m を $m > 1$ と
するだけでよいのである．簡単な例題によって，この様子をみてみよう．

例題 4.1　次の同じ係数行列の 2 組の連立 1 次方程式の数値解を，ガウスの
消去法によって筆算で求めよ．この問題のように係数行列が整数で与えられて
いる簡単な問題では，割り算を分数のままで行なうと，丸めの誤差の心配はな
い．したがってピボット選択は必要ないが，手順の理解を深めるためにピボッ
ト選択を行なうこと．

$$\begin{cases} x+3y+4z = 10 \\ 2x+\ y+5z = \ 7 \\ 6x+5y+\ z = 11 \end{cases} \tag{4.26}$$

$$\begin{cases} x+3y+4z = 13 \\ 2x+\ y+5z = 13 \\ 6x+5y+\ z = 29 \end{cases} \tag{4.27}$$

[解]

1	3	4	10	13	行列と定数項
2	1	5	7	13	
6	5	1	11	29	
6	5	1	11	29	行の入れ換え
2	1	5	7	13	
1	3	4	10	13	
1	5/6	1/6	11/6	29/6	x の消去
0	$-4/6$	28/6	20/6	20/6	$p=6$

74 ——— **4** 連立1次方程式

0	13/6	23/6	49/6	49/6

1	5/6	1/6	11/6	29/6	行の入れ換え
0	13/6	23/6	49/6	49/6	
0	−4/6	28/6	20/6	20/6	
1	5/6	1/6	11/6	29/6	y の消去
0	1	23/13	49/13	49/13	$p=13/6$
0	0	76/13	76/13	76/13	
1	5/6	1/6	11/6	29/6	z の決定
0	1	23/13	49/13	49/13	$p=76/13$
0	0	1	1	1	
1	5/6	1/6	11/6	29/6	y の決定
0	1	23/13	2	2	
0	0	1	1	1	
1	5/6	1/6	0	3	x の決定
0	1	23/13	2	2	
0	0	1	1	1	

ゆえに，第1の連立1次方程式の解は

$$x = 0, \quad y = 2, \quad z = 1$$

第2の連立1次方程式の解は

$$x = 3, \quad y = 2, \quad z = 1$$

行列式は

$$\det A = (-1)\cdot 6\cdot(-1)\cdot(13/6)\cdot(76/13) = 76 \qquad \blacksquare$$

PAD からプログラムへ　未知数が多いときや，たくさんの問題を解くとき
は，筆算でテーブルを書きながら連立1次方程式を解くよりも，プログラムを
作ってコンピュータにやらせる方が得策である．ガウスの消去法のプログラム

を作るには，PADを見ながら手順をプログラムに書き直していく．実際にプログラムを書くには，PADにある手順のほかに，いくつかの宣言文が必要である．

付録4.1には，ガウスの消去法のFORTRANプログラムの例が示してある．主プログラムにおいて係数行列Aとm組の定数項をデータとして読みこみ，サブルーチン副プログラムGAUSSにおいて，m組の連立1次方程式を一挙に解く(1組の問題を解く場合には，$m=1$とする)．最後に主プログラムにおいて結果をプリントする．このプログラムは，係数行列と定数項のデータがなくなるまで，たくさんの問題を解くことができるようにしてある．

読者は自分自身で，PADを見ながら，ガウスの消去法の手順をプログラム化する過程を体験してほしい．思いがけない落し穴があることに気づくことによって，理解は進歩していくものである．

━━━━━━━━━━━━━━ 問 題 4-2 ━━━━━━━━━━━━━━

1. ガウスの消去法により次の連立1次方程式を解け．

(1) $5x+\ y+3z=7$ (2) $2x-\ y+\ z=\ 6$
     $2x+\ y+4z=4$ $-x+4y-2z=-4$
     $x+3y+\ z=7$ $x-2y+3z=\ 9$

ニュートンとガウス

　数値計算に出てくるニュートンもガウスも読者に馴染み深い有名な数学者であり物理学者である．

　ニュートン(1642-1727)は，クリスマス(12月25日)にイギリスの自作農の息子として生まれた．ガリレイの死の翌年であったのでガリレイの再来とい

われた．父はすでに死んでおり母は再婚したために祖母に育てられた．農事より数学を好んだので，叔父の勧めで18歳のときケンブリッジ大学に入学した．幾何学のバロウ教授の影響を受け，幾何学，光学を学んだが，これが光学，微分積分学，力学の偉業をなすきっかけとなった．

1665年ペストが大流行したときに農場に帰り，2年間自給自足の隔離生活をおこなった．このときに光のスペクトル分解，万有引力の法則，微分積分法の三大発見の端緒をつかんだといわれている．りんごの落ちるのを見て万有引力の法則を思いついたというのもこの頃の逸話である．

1669年にバロウの後任として教授になり，光学の講義をした．微分積分学の基本定理の発見をしたが，独立に発見したライプニッツとのあいだで優先権論争がおこり，ニュートンは面白くない思いをしたようである．

ニュートンの主著『プリンキピア（自然の哲学的数学的原理）』(1686-1687刊)は，地上の物体の運動から天上の惑星の運動を貫く普遍的自然法則をとらえたもので，デカルトの自然の数学的構造を探るという思想を実現したといわれた．

ガウス(1777-1855)は，ドイツのレンガ職人の息子として生まれた．「話す前に数えることができた」と自らいうくらい幼い頃から抜きん出た数学の才能があり，領主の大公に愛され，その保護を受けてゲッチンゲン大学に学んだ．18歳のときニュートンのプリンキピアを読み感動し，ニュートンを理想の師と仰いだ．1807年以後ゲッチンゲン大学の教授と天文台長を兼ね，一生この地位にあった．

純粋数学の方面では，整数論，非ユークリッド幾何学，超幾何級数，複素関数論，楕円関数論，応用数学の方面では，天文学，測地学，電磁気学，数学の応用では，最小2乗法，曲面論，ポテンシャル論など，19世紀前半の最大の数学者であった．ただし発表形式の完璧を重んじ研究の多彩な割に発表することは少なかった．彼の業績は日記や手紙に多くみられ，死後12巻の全集として出版されている．

ニュートンとガウスは，アルキメデスとともに三大数学者と呼ばれている．

4-3 *LU* 分解法

LU 分解　ガウスの消去法では，前進消去の段階で係数行列 A の要素が変わっていく．そのために，同じ A で異なった $\boldsymbol{b}$ (定数項) をもつ問題

$$A\boldsymbol{x} = \boldsymbol{b}_1, \quad A\boldsymbol{x} = \boldsymbol{b}_2, \quad A\boldsymbol{x} = \boldsymbol{b}_3, \quad \cdots \tag{4.25}$$

を (なんらかの理由で一挙に解くことができないで) 後で解こうとするときには，A をもと通りに戻して前進消去からやり直す必要がある．LU 分解法は，基本的にはガウスの消去法と同じであるが，同じ A を使ってたくさんの定数項 $\boldsymbol{b}_1$，$\boldsymbol{b}_2, \cdots$ についての問題を繰り返して解くことができる方法である．ここでは，まず LU 分解とは何かを学び，つぎに LU 分解を利用して連立 1 次方程式を解いてみよう．

LU 分解 (*LU* factorization) とは，行列 A を下三角行列 L と上三角行列 U の積に分解することである．すなわち，

$$A = LU \tag{4.28}$$

ここで，A は連立 1 次方程式の係数行列である．L および U はそれぞれ

$$L = \begin{pmatrix} l_{11} & & & 0 \\ l_{21} & l_{22} & & \\ & \cdots\cdots\cdots & & \\ l_{n1} & l_{n2} & \cdots & l_{nn} \end{pmatrix}, \quad U = \begin{pmatrix} 1 & u_{12} & \cdots & u_{1n} \\ & 1 & \cdots & u_{2n} \\ & & \cdots\cdots\cdots & \\ 0 & & & 1 \end{pmatrix} \tag{4.29}$$

と表わされ，L は，対角線の右上が 0 である下三角行列であり，U は，対角要素が 1 であり，その左下の要素が 0 である上三角行列である．L の要素を l_{ij}，U の要素を u_{ij} と書けば，

$$l_{ij} = 0 \quad (i < j), \quad u_{ij} = 0 \quad (i > j), \quad u_{ii} = 1$$

である．じつは，U はガウスの消去法で前進消去が終わったときの行列とまったく同じなのである．

さて，l_{ij} と u_{ij} を a_{ij} から求める手順を考えよう．(4.28) 式から

$$a_{ij} = \sum_{k=1}^{n} l_{ik} u_{kj} = \sum_{k=1}^{i-1} l_{ik} u_{kj} + l_{ii} u_{ij} \tag{4.30}$$

78 —— **4 連立1次方程式**

であるが，この式を a_{11} から1つずつ丁寧に書いていくと，

第1行：

$$a_{11} = l_{11} \qquad\qquad \therefore \quad l_{11} = a_{11}$$

$$a_{12} = l_{11}u_{12} \qquad\qquad \therefore \quad u_{12} = a_{12}/l_{11}$$

$$\cdots\cdots\cdots \qquad\qquad\qquad \cdots\cdots\cdots$$

$$a_{1n} = l_{11}u_{1n} \qquad\qquad \therefore \quad u_{1n} = a_{1n}/l_{11}$$

第2行：

$$a_{21} = l_{21} \qquad\qquad \therefore \quad l_{21} = a_{21}$$

$$a_{22} = l_{21}u_{12} + l_{22} \qquad\qquad \therefore \quad l_{22} = a_{22} - l_{21}u_{12}$$

$$a_{23} = l_{21}u_{13} + l_{22}u_{23} \qquad \therefore \quad u_{23} = (a_{23} - l_{21}u_{13})/l_{22}$$

$$\cdots\cdots\cdots \qquad\qquad\qquad \cdots\cdots\cdots$$

$$a_{2n} = l_{21}u_{1n} + l_{22}u_{2n} \qquad \therefore \quad u_{2n} = (a_{2n} - l_{21}u_{1n})/l_{22}$$

一般に，第 k 行：

$$a_{k1} = l_{k1} \qquad\qquad \therefore \quad l_{k1} = a_{k1}$$

$$a_{k2} = l_{k1}u_{12} + l_{k2} \qquad\qquad \therefore \quad l_{k2} = a_{k2} - l_{k1}u_{12}$$

$$\cdots\cdots\cdots \qquad\qquad\qquad \cdots\cdots\cdots$$

$$a_{kk} = \sum_{j=1}^{k-1} l_{kj}u_{jk} + l_{kk} \qquad \therefore \quad l_{kk} = a_{kk} - \sum_{j=1}^{k-1} l_{kj}u_{jk} \qquad (4.31)$$

$$a_{k,k+1} = \sum_{j=1}^{k-1} l_{kj}u_{j,k+1} + l_{kk}u_{k,k+1}$$

$$\therefore \quad u_{k,k+1} = \left(a_{k,k+1} - \sum_{j=1}^{k-1} l_{kj}u_{j,k+1}\right)\Big/ l_{kk}$$

$$\cdots\cdots\cdots \qquad\qquad\qquad \cdots\cdots\cdots$$

$$a_{kn} = \sum_{j=1}^{k-1} l_{kj}u_{jn} + l_{kk}u_{kn}$$

$$\therefore \quad u_{kn} = \left(a_{kn} - \sum_{j=1}^{k-1} l_{kj}u_{jn}\right)\Big/ l_{kk}$$

このように，l_{ij} と u_{ij} は(4.28)式の右辺の L と U の第1行から順番に決まっていくことが分かる．また，ある1つの a_{ij} は右辺に1回だけしか現われないことも，(4.31)式を上のほうからじっくりみれば分かる．したがって

l_{ij} は $a_{ij}\,(i \geqq j)$ があったところに

u_{ij} は $a_{ij}\,(i < j)$ があったところに

書きこむことにすれば，2つの行列 L と U をまとめて A に記憶することができて，筆算における紙面やコンピュータの記憶容量を節約できる．このとき，L あるいは U の，0あるいは1にきまっている要素は，あえて記憶しないでよい．こうして手順が完了した後では，行列 A の内容は，次のように変わっている．

$$\begin{pmatrix} l_{11} & u_{12} & u_{13} & u_{14} & \cdots & u_{1n} \\ l_{21} & l_{22} & u_{23} & u_{24} & \cdots & u_{2n} \\ l_{31} & l_{32} & l_{33} & u_{34} & \cdots & u_{3n} \\ & & \cdots\cdots\cdots\cdots \\ l_{n1} & l_{n2} & l_{n3} & l_{n4} & \cdots & l_{nn} \end{pmatrix} \tag{4.32}$$

上式を見れば分かるように，(4.31)式の手順で，l_{ij} と u_{ij} は a_{ij} と書いてもなんら差し支えない．次の例題でこれらのことを具体的に見てみよう．

例題 4.2 次の行列を LU 分解せよ．

$$A = \begin{pmatrix} 8 & 16 & 24 & 32 \\ 2 & 7 & 12 & 17 \\ 6 & 17 & 32 & 59 \\ 7 & 22 & 46 & 105 \end{pmatrix} \tag{4.33}$$

[解] 第1行：

$$l_{11} = a_{11} \qquad\qquad = 8$$
$$u_{12} = a_{12}/l_{11} = 16/8 = 2$$
$$u_{13} = a_{13}/l_{11} = 24/8 = 3$$
$$u_{14} = a_{14}/l_{11} = 32/8 = 4$$

第2行：

$$l_{21} = a_{21} \qquad\qquad\qquad = 2$$
$$l_{22} = a_{22} - l_{21}u_{12} \qquad = 7 - 2\cdot 2 \qquad = 3$$
$$u_{23} = (a_{23} - l_{21}u_{13})/l_{22} = (12 - 2\cdot 3)/3 = 2$$
$$u_{24} = (a_{24} - l_{21}u_{14})/l_{22} = (17 - 2\cdot 4)/3 = 3$$

80 —— **4** 連立1次方程式

第3行：

$$l_{31} = a_{31} \qquad\qquad\qquad\qquad = 6$$

$$l_{32} = a_{32} - l_{31}u_{12} \qquad\qquad = 17 - 6\cdot 2 \qquad = 5$$

$$l_{33} = a_{33} - l_{31}u_{13} - l_{32}u_{23} \qquad = 32 - 6\cdot 3 - 5\cdot 2 \quad = 4$$

$$u_{34} = (a_{34} - l_{31}u_{14} - l_{32}u_{24})/l_{33} = (59 - 6\cdot 4 - 5\cdot 3)/4 = 5$$

第4行：

$$l_{41} = a_{41} \qquad\qquad\qquad\qquad = 7$$

$$l_{42} = a_{42} - l_{41}u_{12} \qquad\qquad = 22 - 7\cdot 2 \qquad = 8$$

$$l_{43} = a_{43} - l_{41}u_{13} - l_{42}u_{23} \qquad = 46 - 7\cdot 3 - 8\cdot 2 \quad = 9$$

$$l_{44} = a_{44} - l_{41}u_{14} - l_{42}u_{24} - l_{43}u_{34} = 105 - 7\cdot 4 - 8\cdot 3 - 9\cdot 5 = 8$$

したがって

$$
L = \begin{pmatrix} 8 & & & \\ 2 & 3 & & \Large 0 \\ 6 & 5 & 4 & \\ 7 & 8 & 9 & 8 \end{pmatrix}, \qquad
U = \begin{pmatrix} 1 & 2 & 3 & 4 \\ & 1 & 2 & 3 \\ & & 1 & 5 \\ \Large 0 & & & 1 \end{pmatrix}
\tag{4.34}
$$

が得られる。念のため，L と U の積 LU を計算して A に一致することを確かめて見よう。▎

L と U を4行4列の1つの行列にまとめて，

$$
\begin{pmatrix} 8 & 2 & 3 & 4 \\ 2 & 3 & 2 & 3 \\ 6 & 5 & 4 & 5 \\ 7 & 8 & 9 & 8 \end{pmatrix}
\tag{4.35}
$$

と書けば，L と U を1つの行列 A に記憶させておける。ただし，行列 L の0と U の0と1は分かっているので記憶しない。

LU 分解の手順　l_{ij} と u_{ij} をもとの行列要素の a_{ij} のところに書きこむことにして a_{ij} と書くと，LU 分解の手順は次のように簡単になる。ただし，ある行で求めた要素を用いてその行以下の要素を早めに変化させることにする。こうすると，ガウスの消去法との関係が明らかになるからである。次の手順でいえば，$(1.2), (k.2), (n-1.2)$ がこの部分に当たる。

4-3 LU分解法 —— 81

第1行：

(1.1)　ピボット $p=a_{11}$ で第1行の第2列以下を割る.

$$a_{1j} = a_{1j}/p \qquad (j=2, 3, \cdots, n)$$

(1.2)　第1行の a_{1j} を用いて，第2行以下を修正する.

$$a_{ij} = a_{ij} - a_{i1}a_{1j} \qquad (i=2, 3, \cdots, n;\ j=2, 3, \cdots, n)$$

　　　　　　………………

第 k 行：

(k.1)　ピボット $p=a_{kk}$ で第 k 行の第 $k+1$ 列以下を割る.

$$a_{kj} = a_{kj}/p \qquad (j=k+1, \cdots, n)$$

(k.2)　第 k 行の a_{kj} を用いて，第 $k+1$ 行以下を修正する.

$$a_{ij} = a_{ij} - a_{ik}a_{kj} \qquad (i=k+1, \cdots, n;\ j=k+1, \cdots, n)$$

　　　　　　………………

第 $n-1$ 行：

($n-1$.1)　ピボット $p=a_{n-1, n-1}$ で第 $n-1$ 行の第 n 列を割る.

$$a_{n-1, n} = a_{n-1, n}/p$$

($n-1$.2)　第 $n-1$ 行の $a_{n-1, n}$ を用いて，第 n 行を修正する.

$$a_{nn} = a_{nn} - a_{n, n-1}a_{n-1, n}$$

この手順をPADで表わすと，図4-4のPADの「LU 分解」の部分となる.
m(i)=i については次のピボット選択の項において説明する. LU 分解につい
てはガウスの消去法の前進消去とそっくりなことに気がつくであろう（図4-1
と図4-4を比べてみよ）. とくに，LU 分解によってつくられる行列 U（その要
素は a_{ij}, ただし $i \leqq j$）は，ガウスの消去法によってつくられる行列とまったく
同じである. 試みに，例題4.2で定数項を適当にとって，ガウスの消去法で解
いてこのことを確かめて見るとよい.

　ピボット選択　LU 分解においてもピボット p（上の手順では a_{kk}）によって
割り算をするから，丸めの誤差を小さくするためには，ピボット選択が必要な
ことはガウスの消去法と同じである. ガウスの消去法と違う点は，LU 分解の
段階では定数項に対しては演算をしないことである. 定数項に対する演算は次

82 ——— **4** 連立 1 次方程式

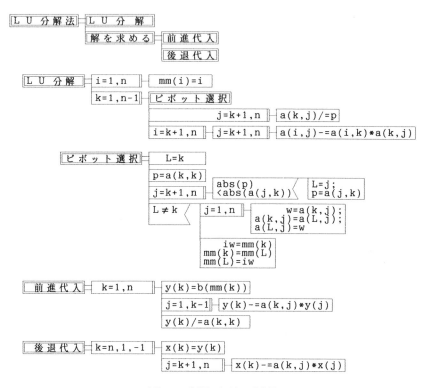

図 4-4　*LU* 分解法の PAD

の前進代入と後退代入の段階で行なう．*LU* 分解法では，解を求めるに先き立って *LU* 分解を係数行列に対して行なっておき，第 2 段階の前進代入で初めて定数項に対する演算を行なって解を求める．*LU* 分解は係数行列 *A* が同じなら同じ *L* と *U* の 2 つの三角行列に分解されることを利用して，多くの定数項をもつ問題を一挙には解くことができない場合にも，むだな演算をしないで解を求めることができる．このことは本節後半の例題で説明する．

　ガウスの消去法では，ピボット選択において行の交換を行なうときに，定数項も交換した．*LU* 分解は係数行列に対してだけの演算であるから，後の段階で定数項に対して演算をするときのために，どの行とどの行を交換したかを記

憶しておかねばならない。行の順番を記憶しておくのが変数 m_i(PAD および プログラムにおいては m(i)) である。m_i にはまず最初の行番号である i を記憶させておく。第 k 行と，今度のピボットを含む行である第 l 行との行の交換を行なうごとに，m_k と m_l に記憶されている内容を交換する。こうすれば，m_i はいつも，現在の第 i 行が最初の第何行であったかを記憶している。いいかえると，現在の第 i 行は，最初の第 m_i 行であることになる。この記憶は，解を求める段階で必要になる。

行列式の計算　LU 分解においても，行列式の値を求めることは容易である。まず，行列式の性質から，

$$\det A = \det(LU) = \det L \cdot \det U \tag{4.36}$$

である。三角行列の行列式は対角要素の積であるから，

$$\det L = l_{11}l_{22}\cdots l_{nn}, \quad \det U = 1 \tag{4.37}$$

したがって

$$\det A = l_{11}l_{22}\cdots l_{nn} \tag{4.38}$$

である。すなわち，行列式の値は，単に L の対角要素 $l_{11}, l_{22}, \cdots, l_{nn}$ の積である。また，L の対角要素 $l_{11}, l_{22}, \cdots, l_{nn}$ はとりもなおさずピボット選択におけるピボットであるから，行列式の値は，ガウスの消去法におけると同様に，行の交換を行なうごとに符号を換えたピボットの積である。

前進代入と後退代入　さて，いよいよ LU 分解を用いて連立方程式を解く方法に進もう。係数行列 A は，$A=LU$ であるから，連立1次方程式は

$$LU\boldsymbol{x} = \boldsymbol{b} \tag{4.39}$$

と書ける。さらに $\boldsymbol{y}=U\boldsymbol{x}$ とおけば，1つの連立1次方程式 $A\boldsymbol{x}=\boldsymbol{b}$ は，2つの連立1次方程式

$$\begin{cases} L\boldsymbol{y} = \boldsymbol{b} & \text{(4.40a)} \\ U\boldsymbol{x} = \boldsymbol{y} & \text{(4.40b)} \end{cases}$$

と同等である。求める解は $\boldsymbol{x}$ であるから，まず(4.40a)から $\boldsymbol{y}$ を求め，次に (4.40b)から $\boldsymbol{x}$ を求めればよい。

ところで，この2つの方程式を解くのはすこぶる簡単である。それは，L も

84 ——— **4** 連立1次方程式

U も三角行列であることによる．まず，(4.40a)を第1行から第n行まで順に書くと

$$l_{11}y_1 = b_1 \qquad\qquad \therefore\quad y_1 = b_1/l_{11}$$

$$l_{21}y_1 + l_{22}y_2 = b_2 \qquad\qquad \therefore\quad y_2 = (b_2 - l_{21}y_1)/l_{22}$$

$$\cdots\cdots\cdots \qquad\qquad\qquad \cdots\cdots\cdots$$

$$\sum_{i=1}^{k-1} l_{ki}y_i + l_{kk}y_k = b_k \qquad \therefore\quad y_k = \left(b_k - \sum_{i=1}^{k-1} l_{ki}y_i\right)\Big/ l_{kk}$$

$$\cdots\cdots\cdots \qquad\qquad\qquad \cdots\cdots\cdots$$

$$\sum_{i=1}^{n-1} l_{ni}y_i + l_{nn}y_n = b_n \qquad \therefore\quad y_n = \left(b_n - \sum_{i=1}^{n-1} l_{ni}y_i\right)\Big/ l_{nn}$$

となる．すなわち **y** は，y_1 から y_n まで，順に代入していくことによって求められる．これを**前進代入**という．

次に，(4.40b)を第n行から第1行までを，こんどは逆順に書くと

$$x_n = y_n \qquad\qquad\qquad \therefore\quad x_n = y_n$$

$$x_{n-1} + u_{n-1,n}x_n = y_{n-1} \qquad \therefore\quad x_{n-1} = y_{n-1} - u_{n-1,n}x_n$$

$$\cdots\cdots\cdots \qquad\qquad\qquad \cdots\cdots\cdots$$

$$x_k + \sum_{i=k+1}^{n} u_{ki}x_i = y_k \qquad \therefore\quad x_k = y_k - \sum_{i=k+1}^{n} u_{ki}x_i$$

$$\cdots\cdots\cdots \qquad\qquad\qquad \cdots\cdots\cdots$$

$$x_1 + \sum_{i=2}^{n} u_{1i}x_i = y_1 \qquad\quad \therefore\quad x_1 = y_1 - \sum_{i=2}^{n} u_{1i}x_i$$

となる．すなわち **x** は，x_n から x_1 まで，逆順に代入することによって求められる．これを**後退代入**という．A が L と U に分解してあれば，こうして，前進代入および後退代入によって方程式は簡単に解けてしまう．

LU 分解法の手順　まず，係数行列 A を LU 分解する．LU 分解のさいにピボット選択で行の交換をしていれば，定数項の順番は新しい行の順番に並べ換えておかなければならない．並べ換えは m_i を使って行なう．並べ換えがすんだら，次の手順で解を求める．

1. 前進代入

  1.1　y_1 を求める．

$$y_1 = b_1/a_{11}$$

1.2 y_2 を求める.

....

1.k y_k を求める.

$$y_k = \left(b_k - \sum_{i=1}^{k-1} a_{ki}y_i\right) \Big/ a_{kk}$$

1.$k+1$ y_{k+1} を求める.

....

1.n y_n を求める.

$$y_n = \left(b_n - \sum_{i=1}^{n-1} a_{ni}y_i\right) \Big/ a_{nn}$$

2. 後退代入

2.1 x_n を求める.

$$x_n = y_n$$

2.2 x_{n-1} を求める.

....

2.$n-k+1$ x_k を求める.

$$x_k = y_k - \sum_{i=k+1}^{n} a_{ki}x_i$$

2.$n-k+2$ x_{k-1} を求める.

....

2.n x_1 を求める.

$$x_1 = y_1 - \sum_{i=2}^{n} a_{1i}x_i$$

以上の手順を PAD で表わせば,図 4-4 の「解を求める」の「前進代入」および「後退代入」となる.

なお,理解しやすくするために **x** と **b** のほかに補助的な変数 **y** を使って説明したが,記憶容量を節約しようとする場合は,**y** のみならず **x** をも使わずに計算することができる.つまり **b** だけでよいのである.こうしたときは,以上

86 ——— **4** 連立 1 次方程式

の説明の中の **x** と **y** を **b** と書き換えて，最初に **b** に定数項を記憶させておけば，最後の後退代入が終了したときには，**b** には解 **x** が得られている．そのときは，PAD の y(k)=b(k)，x(k)=y(k) の 2 つの演算は意味がないから不用である．

例題 4.3 *LU* 分解法により，次の連立 1 次方程式を解け．

$$\begin{cases} 8x+16y+24z+\ 32w = 160 \\ 2x+\ 7y+12z+\ 17w = \ 70 \\ 6x+17y+32z+\ 59w = 198 \\ 7x+22y+46z+105w = 291 \end{cases} \tag{4.41}$$

[解] 係数行列 *A* は例題 4.2 と同じであるが，ここではピボット選択を行ない，必要なときには電卓で数値計算をする．そうすると，係数行列は次のように変化する．

8	16	24	32	もとの係数行列
2	7	12	17	$m_1=1$, $m_2=2$, $m_3=3$, $m_4=4$
6	17	32	59	
7	22	46	105	
8	2	3	4	第 1 行
2	3	6	9	$p=8$
6	5	14	35	
7	8	25	77	
8	2	3	4	行の交換
7	8	25	77	$m_1=1$, $m_2=4$, $m_3=3$, $m_4=2$
6	5	14	35	
2	3	6	9	
8	2	3	4	第 2 行
7	8	3.125	9.625	$p=8$

4-3 *LU*分解法 —— 87

6	5	−1.625	−13.125
2	3	−3.375	−19.875

8	2	3	4	行の交換
7	8	3.125	9.625	$m_1=1,\ m_2=4,\ m_3=2,\ m_4=3$
2	3	−3.375	−19.875	
6	5	−1.625	−13.125	

8	2	3	4	第3行
7	8	3.125	9.625	
2	3	−3.375	5.888⋯	$p=-3.375$
6	5	−1.625	−3.555⋯	$p=-3.555\cdots$

行列式の値は,

$$\det A = 8\cdot(-1)\cdot 8\cdot(-1)\cdot(-3.375)\cdot(-3.555\cdots) = 768$$

これで *LU* 分解ができた.次に,定数項の順番を $m_1=1,\ m_2=4,\ m_3=2,$ $m_4=3$ を使って

$$160,\ 70,\ 198,\ 291 \qquad から \qquad 160,\ 291,\ 70,\ 198$$

へと並べ換える.すなわち,

$$b_1 = 160,\quad b_2 = 291,\quad b_3 = 70,\quad b_4 = 198$$

とする.

前進代入により

$$y_1 = 160/8 = 20$$

$$y_2 = (291-7\cdot 20)/8 = 18.875$$

$$y_3 = (70-2\cdot 20-3\cdot 18.875)/(-3.375) = 7.888\cdots$$

$$y_4 = (198-6\cdot 20-5\cdot 18.875-(-1.625)\cdot 7.888\cdots)/(-3.555\cdots) = 1$$

後退代入により

$$w = 1$$

$$z = 7.888\cdots-5.888\cdots\cdot 1 = 2$$

88 ──── **4** 連立 1 次方程式

$$y = 18.875 - 3.125 \cdot 2 - 9.625 \cdot 1 = 3$$
$$x = 20 - 2 \cdot 3 - 3 \cdot 2 - 4 \cdot 1 = 4$$

ゆえに，$x=4$，$y=3$，$z=2$，$w=1$ が得られた．▌

例題 4.4　次の連立 1 次方程式を解け．

$$\begin{cases} 3x+2y+\ z = \ 6 \\ 2x+4y+3z = 10 \\ \ x+3y+5z = 12.5 \end{cases} \tag{4.42}$$

この解を用いて，

$$\begin{aligned} b_1 &= 1.5x-y+z \\ b_2 &= 6x+2y-z \\ b_3 &= x-yz \end{aligned} \tag{4.43}$$

を求め，次の連立 1 次方程式を解け．

$$\begin{cases} 3u+2v+\ w = b_1 \\ 2u+4v+3w = b_2 \\ \ u+3v+5w = b_3 \end{cases} \tag{4.44}$$

[解]　まず (4.42) の係数行列を *LU* 分解する．

3	2	1	もとの行列
2	4	3	
1	3	5	

3	0.6666667	0.3333333	第 1 行
2	2.6666666	2.3333334	
1	2.3333333	4.6666667	

3	0.6666667	0.3333333	第 2 行
2	2.6666666	0.875	
1	2.3333333	2.625	

(4.42) を解く．

前進代入： $y_1 = 6/3 = 2$

$y_2 = (10 - 2 \cdot 2)/2.6666666 = 2.25$

$y_3 = (12.5 - 1 \cdot 2 - 2.3333333 \cdot 2.25)/2.625 = 2$

後退代入： $z = 2$

$y = 2.25 - 0.875 \cdot 2 = 0.5$

$x = 2 - 0.6666667 \cdot 0.5 - 0.3333333 \cdot 2 = 1.0000001$

したがって(4.43)式の定数項は，

$b_1 = 1.5 \cdot 1.0000001 - 0.5 + 2 = 3.0000001$

$b_2 = 6 \cdot 1.0000001 + 2 \cdot 0.5 - 2 = 5.0000006$

$b_3 = 1.0000001 - 0.5 \cdot 2 = 0.0000001$

となる．(4.44)式の係数行列は(4.42)式と同じだから，上の LU 分解と，いま得られた定数項の値を用いて解くことができる．

前進代入： $y_1 = 3.0000001/3 = 1$

$y_2 = (5.0000006 - 2 \cdot 1)/2.6666666 = 1.1250002$

$y_3 = (0.0000001 - 1 \cdot 1 - 2.3333333 \cdot 1.1250002)/2.625$

$= -1.3809525$

後退代入： $w = -1.3809525$

$v = 1.1250002 - 0.875 \cdot (-1.3809525) = 2.3333336$

$u = 1 - 0.6666667 \cdot 2.3333336 - 0.3333333 \cdot (-1.3809525)$

$= -0.0952381$ ▮

PADからプログラムへ 手順を理解できたら，図4-4のPADを参照しながらコンピュータのプログラムを作ることができる．付録4.2にFORTRANによって書かれたプログラムが示されている．まず，主プログラムにおいて，係数行列の次数 n（未知数の数）と問題数 m（定数項ベクトルの数）が読みこまれる．ついで，この数だけの係数ベクトルの要素 a_{ij} $(i, j = 1, 2, \cdots, n)$ と定数項ベクトルの成分 b_{ij} $(i = 1, 2, \cdots, n;\ j = 1, 2, \cdots, m)$ が読みこまれる．読みこんだ値はすべてプリントしておく．

LU 分解法は「サブルーチンLU」において実行される．このサブルーチン

90 ―――― **4** 連立1次方程式

においては，LU分解と前進代入および後退代入を行なうが，まず，第1の問題だけを解く．第2番目以降の問題はLU分解の必要はないので，いきなり前進代入と後退代入のみを行なうように，サブルーチン LU の中の ENTRY の SOLVE に飛ぶようにしてある．その他に，サブルーチン LU は行列式を計算して引数の DET に与える．LU分解した結果(a_{ij})，行列式の値(DET)，m組の解(b_{ij})はそれぞれプリントされる．なお，記憶容量を節約するように，サブルーチン LU の引数の B は1つの定数項ベクトルのみを引き渡し，引き渡されたbをxに並べ変えて使っており，yは使わない．

ENTRY 文や引数の引渡しのくわしい規則については FORTRAN の文法書を参照されたい．

━━━━━━━━━━━━━━━━━━━━ **問 題 4-3** ━━━━━━━━━━━━━━━━━━━━

1. LU分解法により次の連立1次方程式を解け．

(1) $\quad 8x+7y+6z = 29$
$\qquad 5x+\ y+7z = 28$
$\qquad\quad x+\ y+\ z = \ 4$

(2) $\quad 8x+3y+\ z = 14$
$\qquad 3x+4y+\ z = 13.8$
$\qquad\quad x+\ y+2z = \ 9$

━━━

4-4 ヤ コ ビ 法

ヤコビ法で連立1次方程式を解く この章の最初に述べたように，連立1次方程式の数値解法には，直接法と反復法の2つの方法がある．これまで述べてきたガウスの消去法とLU分解法は直接法である．これから述べるヤコビ法とガウス・ザイデル法は反復法である．反復法は，未知数に適当な初期値を仮定し，必要な精度に到達するまで同じ手順を繰り返して，解を求める方法である．まずヤコビ法を例題によって見ていこう．

解こうとする連立1次方程式を

4-4 ヤ コ ビ 法 ―― 91

$$\begin{cases} 4x+ \ y = 8 \\ \quad x+2y = 5.5 \end{cases} \tag{4.45}$$

とする．これをヤコビ(Jacobi)法によって解くには次のようにする．まず第1
式を x について解き，第2式を y について解くと，

$$x = 2.0-0.25y$$
$$y = 2.75-0.5x \tag{4.46}$$

となる．ここで x と y に適当な値を仮定して，この2つの式の右辺に代入する．
適当な値は何でもよいが，解に近い値の方がよい．ところが，解は分かってい
るわけではないから，解に近い値もふつうは分からない．そのときには，たと
えば，$x=y=0$ でもよい．いま，$x=y=0$ として，この値を右辺に代入すると

$$x = 2.0, \quad y = 2.75$$

を得る．この値をまた右辺に代入すると，

$$x = 2.0-0.25 \cdot 2.75 = 1.3125$$
$$y = 2.75-0.5 \cdot 2.0 \ = 1.75$$

が得られる．このように，つぎつぎと代入を繰り返していくと，x と y は

$$\begin{array}{llllll} x = 0 & 2.0 & 1.3125 & 1.5625 & 1.4765624 & \to & 1.5 \\ y = 0 & 2.75 & 1.75 & 2.09375 & 1.96875 & \to & 2.0 \end{array} \tag{4.47}$$

と解に近づいていく．この反復法がヤコビ法である．

ヤコビ法の手順　以上の手順を一般化しよう．連立1次方程式(4.2)式を書
き換えて

$$x_1^{(k+1)} = (b_1-a_{12}x_2^{(k)}-a_{13}x_3^{(k)}-\cdots-a_{1n}x_n^{(k)})/a_{11}$$
$$x_2^{(k+1)} = (b_2-a_{21}x_1^{(k)}-a_{23}x_3^{(k)}-\cdots-a_{2n}x_n^{(k)})/a_{22}$$
$$\cdots\cdots\cdots\cdots$$
$$x_i^{(k+1)} = (b_i-a_{i1}x_1^{(k)}-\cdots-a_{i,i-1}x_{i-1}^{(k)}$$
$$\qquad\qquad -a_{i,i+1}x_{i+1}^{(k)}-\cdots-a_{in}x_n^{(k)})/a_{ii}$$
$$\cdots\cdots\cdots\cdots$$
$$x_n^{(k+1)} = (b_n-a_{n1}x_1^{(k)}-a_{n2}x_2^{(k)}-\cdots-a_{n,n-1}x_{n-1}^{(k)})/a_{nn}$$

とする．書き換えの方針は，一般に第 i 式は x_i について解き，左辺の x_i の肩

92———**4** 連立1次方程式

に $(k+1)$ をつけて $x_i^{(k+1)}$ とし，右辺の x_j $(j \neq i)$ の肩には (k) をつけて $x_j^{(k)}$ とする．まとまった形で書くと，$i=1, 2, \cdots, n$ として

ヤコビ法

$$x_i^{(k+1)} = \left(b_i - \sum_{j=1}^{i-1} a_{ij} x_j^{(k)} - \sum_{j=i+1}^{n} a_{ij} x_j^{(k)} \right) \bigg/ a_{ii} \qquad (4.48)$$

これがヤコビ法の公式である．この公式において，

(0)　最初に k を0として，$x_1^{(0)}, x_2^{(0)}, \cdots, x_n^{(0)}$ を勝手に与える．（勝手とはいっても，もちろん解に近い値の方がよい．しかし解に近くなければならないというほどのことでもない．）公式を使って n 個の

$$x_1^{(1)}, x_2^{(1)}, \cdots, x_n^{(1)}$$

を求める．

(1)　次に $k=1$ として，いま求めた $x_1^{(1)}, x_2^{(1)}, \cdots, x_n^{(1)}$ を右辺に代入し，

$$x_1^{(2)}, x_2^{(2)}, \cdots, x_n^{(2)}$$

を求める．

(2)　次に $k=2$ として，いま求めた $x_1^{(2)}, x_2^{(2)}, \cdots, x_n^{(2)}$ を右辺に代入し，

$$x_1^{(3)}, x_2^{(3)}, \cdots, x_n^{(3)}$$

を求める．

　　　　$\cdots\cdots\cdots\cdots$

(k)　この反復を繰り返して，ある k に対して，

$$x_1^{(k+1)}, x_2^{(k+1)}, \cdots, x_n^{(k+1)}$$

が，その前の $x_1^{(k)}, x_2^{(k)}, \cdots, x_n^{(k)}$ に必要な精度まで一致したら，そのときの $x_1^{(k+1)}, x_2^{(k+1)}, \cdots, x_n^{(k+1)}$ を $x_1, x_2, \cdots, x_n$ の解とする．

この手順を PAD で表わしたのが，図 4-5 である．この PAD では，もっとも新しい x の値を x(1), x(2), $\cdots$, x(n) に入れる．またその1つ前の値を x0(1), x0(2), $\cdots$, x0(n) に入れる．そこで最初は，x には初期値 x0 が入れられる．各反復回においては，まず x0=x として，x の値をしまっておき，次の新しい値を計算する準備をする．

各 x_i の値は (4.48) 式の2つの総和（$\sum$ の項）を求めて b_i から減じ，対角要素

4-4 ヤコビ法 ── 93

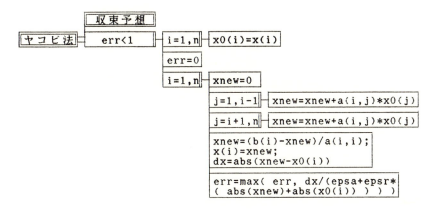

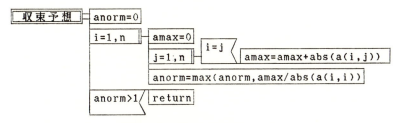

図4-5 ヤコビ法のPAD

a_{ii} で割って求める．こうして求めた xnew が新しい x_i である．この xnew と，前の反復で求めた値 x0(i) との差の絶対値 |xnew-x0(i)| を dx とする．もしすべての x_i について，

$$\mathrm{dx} < \varepsilon_A + \varepsilon_R(|\mathrm{xnew}| + |\mathrm{x0(i)}|) \tag{4.49}$$

すなわち

$$e \equiv \mathrm{dx}/(\varepsilon_A + \varepsilon_R(|\mathrm{xnew}| + |\mathrm{x0(i)}|)) < 1 \tag{4.50}$$

が成り立てば，もっとも新しい x_i がよい近似値に収束したと判定することにする．ここで ε_A は許容絶対誤差，ε_R は許容相対誤差である．この条件を**収束判定条件**とする．収束判定条件がすべての x_i に対して成り立っていることが反復終了のためには必要である．PADでは，e の最大値を err に求めている．反復は，err<1 になるまで続けられる．

ヤコビ法のFORTRANプログラムを付録4.3に示す．

94 ——— **4** 連立 1 次方程式

ヤコビ法の収束性　もし err<1 が何回反復しても成り立たなかったり，場合によっては反復ごとに err がどんどん大きくなってオーバーフローしたりした場合は，ヤコビ法で解を求めることはできない．実際に，ヤコビ法は収束しないことがよくある．どのようなときに収束するのであろうか．

その前に，「収束すれば，収束した値は，連立 1 次方程式の解である」ことを示そう．行列 A を下三角行列 L，上三角行列 U，対角行列 D の和で表わして

$$A = L+D+U \tag{4.51}$$

と書く．ただし

$$A = \begin{pmatrix} a_{11} & a_{12} & \cdots & a_{1n} \\ a_{21} & a_{22} & \cdots & a_{2n} \\ & \cdots\cdots\cdots\cdots & \\ a_{n1} & a_{n2} & \cdots & a_{nn} \end{pmatrix}, \quad L = \begin{pmatrix} 0 & & & \\ a_{21} & 0 & & \text{\huge 0} \\ & \cdots\cdots\cdots & & \\ a_{n1} & a_{n2} & \cdots & a_{n,n-1} & 0 \end{pmatrix}$$

$$D = \begin{pmatrix} a_{11} & & & \\ & a_{22} & & \text{\huge 0} \\ & & \ddots & \\ \text{\huge 0} & & & a_{nn} \end{pmatrix}, \quad U = \begin{pmatrix} 0 & a_{12} & a_{13} & \cdots & a_{1n} \\ & 0 & a_{23} & \cdots & a_{2n} \\ & & \cdots\cdots\cdots & \\ \text{\huge 0} & & & 0 & a_{n-1,n} \\ & & & & 0 \end{pmatrix}$$

すなわち，L は対角要素も含めて右上の要素は 0，U は対角要素も含めて左下の要素は 0，D は対角要素以外の要素は全部 0 の行列である．これらの行列を用いて，ヤコビ法の公式(4.48)式は

$$\begin{aligned} \boldsymbol{x}^{(k+1)} &= D^{-1}[\boldsymbol{b}-(L+U)\boldsymbol{x}^{(k)}] \\ &= H_J\boldsymbol{x}^{(k)}+\boldsymbol{c}_J \end{aligned} \tag{4.52}$$

と表わせる．ただし

$$\begin{aligned} H_J &= -D^{-1}(L+U) \\ \boldsymbol{c}_J &= D^{-1}\boldsymbol{b} \end{aligned} \tag{4.53}$$

である(D^{-1} は D の逆行列)．いま，反復が収束したとする．このときには，$\boldsymbol{x}^{(k)}$ も $\boldsymbol{x}^{(k+1)}$ も共通の値 $\boldsymbol{x}^{(*)}$ に収束する．したがって上の式より

$$\boldsymbol{x}^{(*)} = D^{-1}[\boldsymbol{b}-(L+U)\boldsymbol{x}^{(*)}] \tag{4.54}$$

これを書き改めると，

$$(L+D+U)\boldsymbol{x}^{(*)} = \boldsymbol{b}$$

$$\therefore \quad A\boldsymbol{x}^{(*)} = \boldsymbol{b} \tag{4.55}$$

すなわち $\boldsymbol{x}^{(*)}$ は方程式の解である．ヤコビ法は，収束しさえすれば解が求められることが分かった．

したがって，問題は収束するか否かである．残念なことには，ヤコビ法は次節で述べるガウス・ザイデル法より収束性がよくない．このようなわけで，収束に関する吟味はガウス・ザイデル法のところで考えることにしよう．

━━━━━━━━━━━━━━━━━━ **問 題 4-4** ━━━━━━━━━━━━━━━━━━

1. ヤコビ法により次の連立1次方程式を解け．

(1)　$\begin{aligned} 4x+\ y-\ z &= 10.6 \\ x+3y+\ z &= 15.1 \\ x-\ y+3z &=\ 7.3 \end{aligned}$　　　　(2)　$\begin{aligned} 8x+2y-5z &= -43.8 \\ x-4y+\ z &= -4.4 \\ 5x+\ y+7z &=\ 44.9 \end{aligned}$

2. ヤコビ法により次の連立1次方程式を解け．収束状況を前問と比べよ．

(1)　$\begin{aligned} 2x+\ y-\ z &=\ 5.6 \\ x+2y+\ z &= 11.8 \\ x-\ y+2z &=\ 4.6 \end{aligned}$　　　　(2)　$\begin{aligned} 8x+3y-5z &= -41.3 \\ x-4y+3z &=\ 10 \\ x+6y+7z &=\ 63.8 \end{aligned}$

━━━━━━━━━━━━━━━━━━━━━━━━━━━━━━━━━━━━━━━

4-5　ガウス・ザイデル法

ヤコビ法からガウス・ザイデル法へ　ヤコビ法の公式(4.48)の右辺を見ると，総和が2つある．第1の総和は $j=1$ から $i-1$ であり，第2の総和は $j=i+1$ から n までである．この第1の総和の $x_j^{(k)}$ をすでに計算された $x_j^{(k+1)}$ で置き換えると，最新の x_j の値を使っていることになり，収束が早くなることが予想される．こうして

ガウス・ザイデル法

$$x_i^{(k+1)} = \left(b_i - \sum_{j=1}^{i-1} a_{ij}x_j^{(k+1)} - \sum_{j=i+1}^{n} a_{ij}x_j^{(k)}\right)\Big/ a_{ii} \tag{4.56}$$

4 連立1次方程式

というガウス・ザイデル(Gauss-Seidel)法の公式が得られる.

このガウス・ザイデル法は,つねに最新の x_j を使うので,古い $x_j^{(k)}$ と新しい $x_j^{(k+1)}$ の両方を記憶しておく必要がない.ガウス・ザイデル法のPAD(図4-6)とヤコビ法のPAD(図4-5)を比較すると,収束が早くなったうえ,古い x_j (図4-5のx0(j))も必要がなくなって,x(j)をx0(j)に入れ換える操作が不要になり,PADは単純化される.

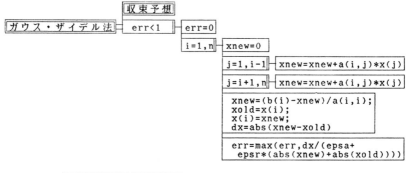

図 4-6 ガウス・ザイデル法のPAD

ヤコビ法と同様に $A=L+D+U$ と書くと,(4.56)式は

$$x^{(k+1)} = D^{-1}(b - Lx^{(k+1)} - Ux^{(k)}) \tag{4.57}$$

と書ける.右辺の $x^{(k+1)}$ を左辺に移すように書き直すと

$$\begin{aligned}x^{(k+1)} &= (D+L)^{-1}(b - Ux^{(k)}) \\ &= H_{\text{GS}} x^{(k)} + c_{\text{GS}}\end{aligned} \tag{4.58}$$

ただし

$$\begin{aligned}H_{\text{GS}} &= -(D+L)^{-1} U \\ c_{\text{GS}} &= (D+L)^{-1} b\end{aligned} \tag{4.59}$$

4-5 *ガウス・ザイデル法* —— 97

である($(D+L)^{-1}$ は行列 $D+L$ の逆行列）. ヤコビ法と同様に，ガウス・ザイデル法においても「収束すれば，収束した値は，連立1次方程式の解である」. 証明は省くが，読者は試みてほしい.

収束する例，しない例 ガウス・ザイデル法が収束する場合と，しない場合の例を挙げてみよう.

[例1] 収束する場合

$$\begin{cases} 2x+ \ y = 4 & (1) \\ \ \ x+2y = 5 & (2) \end{cases} \qquad (4.60)$$

(1)を x について解き，(2)を y について解くと

$$x = 2-0.5y \qquad (1')$$
$$y = 2.5-0.5x \qquad (2')$$

$x=y=0$ を初期値として解く. まず $y=0$ を $(1')$ に代入し，得られた値を $(2')$ に入れる. さらに，$(2')$ で得られた y の値を $(1')$ に代入し，以下順次これを繰り返すと，下の表のようになる.

$k=$	0	1	2	3	4	$\to$	∞
$x=$	0	2	1.25	1.0625	1.015625	$\to$	1
$y=$	0	1.5	1.875	1.96875	1.992187	$\to$	2

〈注意〉 ヤコビ法と混同しないようにせよ！ $k=1$ のときに $y=2.5$ としたらヤコビ法の計算をしていることになる. ▌

[例2] 収束しない場合

$$\begin{cases} \ x+2y = 5 & (1) \\ 2x+ \ y = 4 & (2) \end{cases} \qquad (4.60')$$

(1)を x について解き，(2)を y について解くと

$$x = 5-2y \qquad (1')$$
$$y = 4-2x \qquad (2')$$

$x=y=0$ を初期値として解くと

98 ———— **4** 連立 1 次方程式

$k =$	0	1	2	3	4	$\to$	∞
$x =$	0	5	17	65	257	$\to$	∞
$y =$	0	-6	-30	-126	-510	$\to$	$-\infty$

コンピュータによってこの例を解くと，アッという間にオーバーフローしてしまう．▌

　注意深い読者は，上の 2 つの例は，じつは同じ方程式であることに気がついたであろう．違いは方程式の順番だけである．一般に，対角要素の絶対値が大きくなるように方程式を並べる方が収束はよい．これはヤコビ法の場合でも同じである．このことを少しくわしく調べてみよう．

　反復行列　ヤコビ法の公式もガウス・ザイデル法の公式も次の形に書ける．
$$\boldsymbol{x}^{(k+1)} = H\boldsymbol{x}^{(k)} + \boldsymbol{c} \tag{4.61}$$
ここで行列 H とベクトル $\boldsymbol{c}$ は (4.53) または (4.59) 式で与えられている．いま方程式の解を $\boldsymbol{x}^{(*)}$ とすると
$$\boldsymbol{x}^{(*)} = H\boldsymbol{x}^{(*)} + \boldsymbol{c} \tag{4.62}$$
であるから
$$\boldsymbol{x}^{(k+1)} - \boldsymbol{x}^{(*)} = H(\boldsymbol{x}^{(k)} - \boldsymbol{x}^{(*)}) \tag{4.63}$$
が得られる．$\boldsymbol{x}^{(k+1)} - \boldsymbol{x}^{(*)}$ および $\boldsymbol{x}^{(k)} - \boldsymbol{x}^{(*)}$ は $k+1$ 回目および k 回目の誤差であるから，(4.63) 式は，誤差が反復ごとに H 倍されることを示している．このように行列 H は，反復法における収束性を決定する重要な役割をもち，**反復行列**とよばれている．(4.63) 式を繰り返し適用することにより
$$\boldsymbol{x}^{(k+1)} - \boldsymbol{x}^{(*)} = H^2(\boldsymbol{x}^{(k-1)} - \boldsymbol{x}^{(*)})$$
$$= H^3(\boldsymbol{x}^{(k-2)} - \boldsymbol{x}^{(*)})$$
$$\cdots\cdots\cdots\cdots$$
$$= H^{k+1}(\boldsymbol{x}^{(0)} - \boldsymbol{x}^{(*)}) \tag{4.64}$$
が得られる．これが収束するためには，$k \to \infty$ で $H^{k+1} \to 0$ であればよい．すなわち，行列 H の「大きさ」が 1 より小さければよい．ところで，「行列の大き

さ」とは何であろうか.

　ベクトルのノルムと行列のノルム　n 個の成分 $x_1, x_2, \cdots, x_n$ をもつ n 次元ベクトル $\boldsymbol{x}$ の大きさを表わす実数をそのベクトルの**ノルム**(norm)といい，$\|\boldsymbol{x}\|$ と書く．ノルム $\|\boldsymbol{x}\|$ は，次の性質をもつ実数である．

　　（ⅰ）　$\boldsymbol{x} \neq 0$ なら $\|\boldsymbol{x}\| > 0,$　　$\|\boldsymbol{x}\| = 0$ なら $\boldsymbol{x} = 0$

　　（ⅱ）　$\|\alpha\boldsymbol{x}\| = |\alpha| \cdot \|\boldsymbol{x}\|$　（α は複素数）

　　（ⅲ）　$\|\boldsymbol{x} + \boldsymbol{y}\| \leqq \|\boldsymbol{x}\| + \|\boldsymbol{y}\|$　（$\boldsymbol{y}$ もベクトル）

ノルムの定義としてよく使われるものをあげておく．

$$\|\boldsymbol{x}\|_1 \equiv \sum_{k=1}^{n} |x_k| \tag{4.65}$$

$$\|\boldsymbol{x}\|_2 \equiv \sqrt{\sum_{k=1}^{n} |x_k|^2}　　（ユークリッドノルム） \tag{4.66}$$

$$\|\boldsymbol{x}\|_\infty \equiv \max_k |x_k|　　（最大値ノルム） \tag{4.67}$$

ユークリッドノルムはピタゴラスの定理におけるベクトルの長さである．最大値ノルムは n 個の成分のうち絶対値の最大成分の絶対値である．たとえば，

$$\boldsymbol{x} = \begin{pmatrix} 1.5 \\ -0.5 \\ 3.0 \\ -4.3 \end{pmatrix}$$

のとき

$$\|\boldsymbol{x}\|_1 = 9.3,　　\|\boldsymbol{x}\|_2 = 5.4763\cdots,　　\|\boldsymbol{x}\|_\infty = 4.3$$

である．

　次に，行列のノルムについて考えよう．これも定義の仕方はいろいろあるが，2 つのベクトル $A\boldsymbol{x}$ と $\boldsymbol{x}$ のノルムを用いて，行列 A のノルムを

$$\|A\| \equiv \sup_{\boldsymbol{x}} \frac{\|A\boldsymbol{x}\|}{\|\boldsymbol{x}\|}　　（自然な行列ノルム） \tag{4.68}$$

と定義する．この右辺の意味は，$\|\boldsymbol{x}\| > 0$ であるようなありとあらゆるベクトル $\boldsymbol{x}$ を使って右辺の分数を求めて，そのうちで最も大きい値を与えるような分数値を $\|A\|$ とする，ということである．この定義から，$\|A\|$ には次の性質が

100 —— **4** 連立1次方程式

ある.

(iv) $\|A\boldsymbol{x}\| \leqq \|A\| \cdot \|\boldsymbol{x}\|$

(v) $\|A \cdot B\| \leqq \|A\| \cdot \|B\|$　　(B も行列)

このように定義された行列のノルムは，ベクトルのノルムの定義のどれを用いるかによって異なった値をもつ．A の要素を a_{ij} とすると

$$\|A\|_1 = \sup_{\boldsymbol{x}} \frac{\|A\boldsymbol{x}\|_1}{\|\boldsymbol{x}\|_1} = \max_j \left\{ \sum_{i=1}^n |a_{ij}| \right\} \quad \binom{\text{列方向の絶対値}}{\text{の和の最大値}} \quad (4.69)$$

$$\|A\|_2 = \sup_{\boldsymbol{x}} \frac{\|A\boldsymbol{x}\|_2}{\|\boldsymbol{x}\|_2} = \max_k \sqrt{|\mu_k|} \quad \binom{\mu_k \text{ は } A^{\mathrm{T}} \cdot A \text{ の固有値}}{A^{\mathrm{T}} \text{ は } A \text{ の転置行列}} \quad (4.70)$$

$$\|A\|_\infty = \sup_{\boldsymbol{x}} \frac{\|A\boldsymbol{x}\|_\infty}{\|\boldsymbol{x}\|_\infty} = \max_i \left\{ \sum_{j=1}^n |a_{ij}| \right\} \quad \binom{\text{行方向の絶対値}}{\text{の和の最大値}} \quad (4.71)$$

$\|A\|$ と A の固有値 λ(ラムダとよむ)との関係は，固有値方程式(固有値と固有ベクトルの定義式)

$$A\boldsymbol{v} = \lambda\boldsymbol{v} \quad (\boldsymbol{v} \text{ は固有値 } \lambda \text{ に対応する固有ベクトル}) \quad (4.72)$$

より

$$\|A\| \cdot \|\boldsymbol{v}\| \geqq \|A\boldsymbol{v}\| = \|\lambda\boldsymbol{v}\| = |\lambda| \cdot \|\boldsymbol{v}\|$$

$$\therefore \quad \|A\| \geqq |\lambda| \quad (4.73)$$

以下，$\|A\|$ として $\|A\|_\infty$ を用いることにしよう．このとき

$$\|A\|_\infty = \max_i \left\{ \sum_{j=1}^n |a_{ij}| \right\} \geqq \rho \equiv \max_k |\lambda_k| \quad (4.74)$$

ここに ρ(ローとよむ)は行列 A の固有値の絶対値の中で最大の値であり，行列 A のスペクトル半径とよばれている大切な量である．

反復法の収束条件　行列のノルムすなわち「大きさ」が分かったところで，いよいよ反復法の収束性を吟味しよう．(4.64)式から，反復法の公式(4.63)が収束するためには，

$$\|\boldsymbol{x}^{(k+1)} - \boldsymbol{x}^{(*)}\| \leqq \|H\|^{k+1} \cdot \|\boldsymbol{x}^{(0)} - \boldsymbol{x}^{(*)}\|$$

$$\therefore \quad \|H\| < 1 \quad (4.75)$$

であればよい．反復行列 H の行列要素 h_{ij} を用いて書けば，

$$\max_i \left\{ \sum_{j=1}^n |h_{ij}| \right\} < 1 \quad (4.75')$$

これが求める収束条件(十分条件)である.

ヤコビ法の反復行列 $H_J = -D^{-1}(L+U)$ の収束条件は,もとの係数行列 A の要素 a_{ij} を用いて

$$\max_i \left\{ \sum_{j=1}^{n}{}' |a_{ij}/a_{ii}| \right\} < 1 \qquad \text{(反復法の収束条件)} \qquad (4.76)$$

となる.ただし $\sum'$ は $j \neq i$ についての総和である.

ガウス・ザイデル法の反復行列 $H_{GS} = -(L+D)^{-1}U$ は逆行列 $(L+D)^{-1}$ を含むので A の要素を用いて表わすことはむずかしい.しかし,「ヤコビ法が収束するならばガウス・ザイデル法は収束する」,すなわち

$$\|H_J\| < 1 \quad \text{ならば} \quad \|H_{GS}\| \leqq \|H_J\| < 1 \qquad (4.77)$$

であることが分かっているので,ガウス・ザイデル法の収束条件としてはヤコビ法の収束条件を用いれば十分である.

反復回数の推定 ヤコビ法およびガウス・ザイデル法の,収束するまでの反復回数を推定してみよう.(4.61)から

$$\boldsymbol{x}^{(k+1)} - \boldsymbol{x}^{(k)} = H(\boldsymbol{x}^{(k)} - \boldsymbol{x}^{(k-1)})$$

が得られるが,反復回数 k が大きくなると

$$H(\boldsymbol{x}^{(k)} - \boldsymbol{x}^{(k-1)}) \doteqdot \lambda_{\max}(\boldsymbol{x}^{(k)} - \boldsymbol{x}^{(k-1)})$$

が成立するので

$$\boldsymbol{x}^{(k+1)} - \boldsymbol{x}^{(k)} \doteqdot \lambda_{\max}(\boldsymbol{x}^{(k)} - \boldsymbol{x}^{(k-1)}) \qquad (k \gg 1) \qquad (4.78)$$

である.ここに $\lambda_{\max}$ は H の固有値の中で絶対値の最大の固有値で,$|\lambda_{\max}| = \rho$ はスペクトル半径である.この式がつねに成り立っている(反復回数 k が小さいときでも成り立っている)と仮定すると,

$$\|\boldsymbol{x}^{(k+1)} - \boldsymbol{x}^{(k)}\| \doteqdot \rho^k \|\boldsymbol{x}^{(1)} - \boldsymbol{x}^{(0)}\| \qquad (4.79)$$

$k = N$ 回で収束したとすれば,

$$\varepsilon_R \doteqdot \rho^N \quad \therefore \quad N \doteqdot \log \varepsilon_R / \log \rho \qquad \text{(推定反復回数)} \qquad (4.80)$$

が推定反復回数となる.ただしこの推定式は ρ を求める必要があり,固有値またはスペクトル半径を求めるのは連立1次方程式を解くより一般にはやっかいであるので,あまり実用的ではない.収束するときには,$1 > \|H\| \geqq \rho$ だから,

102 —— **4** 連立1次方程式

最大反復回数

$$N_{\max} = \log \varepsilon_{\mathrm{R}}/\log \|H\| \geqq N \tag{4.81}$$

を求める方が実用的である.

しかし，2次あるいは3次の，小型の行列の場合には，ρ を求めるのはむずかしくない.

(1) ヤコビ法

$$\det(H_{\mathrm{J}} - \lambda I) = \det(-D^{-1}(L+U) - \lambda I)$$
$$= \det(-D^{-1}) \cdot \det(L+U+\lambda D) = 0$$
$$\therefore \quad \det(L+U+\lambda D) = 0 \tag{4.82}$$

(2) ガウス・ザイデル法

$$\det(H_{\mathrm{GS}} - \lambda I) = \det(-(L+D)^{-1}U - \lambda I)$$
$$= \det(-(L+D)^{-1}) \cdot \det((L+D)\lambda + U) = 0$$
$$\therefore \quad \det((L+D)\lambda + U) = 0 \tag{4.83}$$

これらの代数方程式の解として固有値を求めて，この中で絶対値の最大の固有値の絶対値がスペクトル半径 ρ である.

これまで厳密な証明を省いて述べてきた事柄について，本節の例1と例2の場合に成り立っているかどうか，例題を通じて調べてみよう.

例題 4.5 例1の問題(収束する場合)および例2の問題(収束しない場合)について，反復法の収束条件を吟味せよ.

［解］ 例1の場合，

$$A = \begin{pmatrix} 2 & 1 \\ 1 & 2 \end{pmatrix}, \qquad -H_{\mathrm{J}} = \begin{pmatrix} 0 & 0.5 \\ 0.5 & 0 \end{pmatrix}$$

$$\|H_{\mathrm{J}}\| = \max\{0+0.5,\ 0.5+0\} = 0.5 < 1$$

よって収束する. 例2の場合，

$$A = \begin{pmatrix} 1 & 2 \\ 2 & 1 \end{pmatrix}, \qquad -H_{\mathrm{J}} = \begin{pmatrix} 0 & 2 \\ 2 & 0 \end{pmatrix}$$

$$\|H_{\mathrm{J}}\| = \max\{0+2,\ 2+0\} = 2 > 1$$

これは収束しない. ∎

4-5 ガウス・ザイデル法 —— 103

例題 4.6 例1の問題(収束する場合)および例2の問題(収束しない場合)について, スペクトル半径 ρ_J と $\|H_J\|$ との大きさを比較せよ.

[解] 例1について,

$$\det(H_J - \lambda I) = \det\begin{pmatrix} -\lambda & -0.5 \\ -0.5 & -\lambda \end{pmatrix}$$

$$= (\lambda^2 - 0.25) = (\lambda - 0.5)(\lambda + 0.5) = 0$$

$$\therefore \quad \lambda = 0.5, -0.5$$

$$\therefore \quad \rho_J = \max\{|0.5|, |-0.5|\} = 0.5 = \|H_J\|$$

例2について,

$$\det(H_J - \lambda I) = \det\begin{pmatrix} -\lambda & -2 \\ -2 & -\lambda \end{pmatrix}$$

$$= (\lambda^2 - 4) = (\lambda - 2)(\lambda + 2) = 0$$

$$\therefore \quad \lambda = 2, -2$$

$$\therefore \quad \rho_J = \max\{|2|, |-2|\} = 2 = \|H_J\| \quad \blacksquare$$

例題 4.7 例1の問題(収束する場合)および例2の問題(収束しない場合)について, $\|H_{GS}\|$ と ρ_{GS} を求めて, $\|H_J\|$ と比較せよ.

[解] 例1について,

$$H_{GS} = -(D+L)^{-1}U = -\begin{pmatrix} 2 & 0 \\ 1 & 2 \end{pmatrix}^{-1}\begin{pmatrix} 0 & 1 \\ 0 & 0 \end{pmatrix} = \begin{pmatrix} 0 & -0.5 \\ 0 & 0.25 \end{pmatrix}$$

$$\|H_{GS}\| = \max\{0.5, 0.25\} = 0.5 = \|H_J\| < 1$$

$$\det(H_{GS} - \lambda I) = \lambda(\lambda - 0.25) = 0$$

$$\therefore \quad \lambda = 0, 0.25$$

$$\therefore \quad \rho_{GS} = \max\{0, 0.25\} = 0.25 < 0.5 = \|H_{GS}\| = \|H_J\|$$

例2について,

$$H_{GS} = -(D+L)^{-1}U = -\begin{pmatrix} 1 & 0 \\ 2 & 1 \end{pmatrix}^{-1}\begin{pmatrix} 0 & 2 \\ 0 & 0 \end{pmatrix} = \begin{pmatrix} 0 & -2 \\ 0 & 4 \end{pmatrix}$$

$$\|H_{GS}\| = \max\{2, 4\} = 4 > \|H_J\| > 1$$

$$\det(H_{GS} - \lambda I) = \lambda(\lambda - 4) = 0$$

$$\therefore \quad \lambda = 0, 4$$

104 ——— **4** 連立 1 次方程式

$$\therefore \quad \rho_{\mathrm{GS}} = \max\{0,\ 4\} = 4 = \|H_{\mathrm{GS}}\| \quad \blacksquare$$

例題 4.8 例 1 の問題(収束する場合)について，$\varepsilon_{\mathrm{R}}=10^{-5}$ として反復回数を推定せよ.

[解] 最大反復回数

$$N_{\max} = \log \varepsilon_{\mathrm{R}}/\log \|H_{\mathrm{J}}\|$$
$$= \log 10^{-5}/\log 0.5 = 16 \text{ 回}$$

$\|H_{\mathrm{GS}}\|$ を $\|H_{\mathrm{J}}\|$ の代わりに用いても同じ.

推定反復回数

$$N = \log \varepsilon_{\mathrm{R}}/\log \rho_{\mathrm{J}} = 16 \text{ 回}$$
$$= \log \varepsilon_{\mathrm{R}}/\log \rho_{\mathrm{GS}} = 8 \text{ 回} \quad \blacksquare$$

ガウス・ザイデル法のプログラム　図 4-6 の PAD には，ガウス・ザイデル法の本体の演算にはいる前に「収束予想」の部分がある．ここで，anorm は $\|H_{\mathrm{J}}\|$ のことである．また amax は各行の $\sum' |a_{ij}/a_{ii}|$ を求めている．anorm は n 個の amax の最大値である．もし anorm>1 なら，収束の見通しがないので，以下の計算は止めて return してしまうようにしてある．

ガウス・ザイデル法の FORTRAN で書いたプログラムを付録 4.4 に載せてある．ここでは，さらに最大反復回数($N_{\max}$)を ITRMX に求めておき反復は ITRMX 回以下にとどめるようにした．最大反復回数 ITRMX は許容相対誤差 EPSR(ε_{R})および ANORM($\|H_{\mathrm{J}}\|$)を使って

$$\mathrm{ITRMX} = \log(\mathrm{EPSR})/\log(\mathrm{ANORM}) \tag{4.84}$$

によって求めた．このプログラムでは，EPSR$=10^{-10}$ としてあるから，仮に ANORM$=0.5$ なら，ITRMX$=\log(10^{-10})/\log(0.5)=33$ 回以内で収束するはずだと考えたことになる．(実際はもっと早く収束する.)

ヤコビ法やガウス・ザイデル法などの反復法は繰り返しの得意なコンピュータ向きの解法である．ノルムが 1 より小さくても 1 に近いときには多くの反復回数が必要になる．このようなときには，筆算や電卓計算ではとてもたいへんである．

例題 4.9　次の連立 1 次方程式の反復法による解法は収束するか．収束する

とすれば何回の反復を要すると推定されるか. またガウス・ザイデル法で実際に計算してみて, 反復回数を調べ, 解を求めよ. ただし, 許容相対誤差を $\varepsilon_R = 10^{-5}$ とせよ.

$$\begin{cases} 9x+3y+5z = 30 \\ 2x+9y+6z = 38 \\ 4x+3y+9z = 37 \end{cases} \tag{4.85}$$

[解] 反復行列のノルムは,

$$\|H_J\| = \max\{8/9,\ 8/9,\ 7/9\} = 8/9 < 1$$

ゆえに収束する. また, 最大反復回数は,

$$N_{\max} = \log(10^{-5})/\log(8/9) = 97 \text{ 回}$$

となる. そこで, スペクトル半径 ρ を計算して, 2つの方法の反復回数を推定してみよう.

(1) ヤコビ法で計算した場合

$$\det(L+U+\lambda D) = \det\begin{pmatrix} 9\lambda & 3 & 5 \\ 2 & 9\lambda & 6 \\ 4 & 3 & 9\lambda \end{pmatrix}$$

$$= 3(243\lambda^3 - 132\lambda + 34) = 0$$

$$\therefore\ \lambda = -0.84222,\ 0.52697,\ 0.31525$$

$$\therefore\ \rho_J = 0.84222$$

したがって, 推定反復回数は,

$$N = \log 10^{-5}/\log 0.84222 = 67 \text{ 回}$$

ここで具体的には示さないが, 初期値 $x=y=z=0$ から出発して計算してみた結果, 73 回で収束した.

(2) ガウス・ザイデル法で計算した場合

$$\det((L+D)\lambda+U) = \det\begin{pmatrix} 9\lambda & 3 & 5 \\ 2\lambda & 9\lambda & 6 \\ 4\lambda & 3\lambda & 9\lambda \end{pmatrix}$$

$$= 3\lambda(243\lambda^2 - 122\lambda + 24) = 0$$

$$\therefore\ \lambda = 0,\ 0.25103+0.18908i,\ 0.25103-0.18908i \qquad (i=\sqrt{-1})$$

106 ——— **4** 連立1次方程式

$$\therefore \quad \rho_{\mathrm{GS}} = 0.31427$$

よって，推定反復回数は，

$$N = \log 10^{-5}/\log 0.31427 = 10 \text{ 回}$$

初期値 $x=y=z=0$ から出発したときの様子は下の表のとおりで，12回目に収束した．推定回数とよく合っているが，わずかな違いは，初期値の取り方によるものと考えられる．もっと正解の近くから出発すれば，10回以下でも収束するであろう．▌

反復回	x	y	z	err	
0	0.0	0.0	0.0	—	← 初期値
1	3.33333	3.48148	1.46914	1.000×10^5	
2	1.35665	2.94132	2.52771	4.215×10^4	
3	0.94861	2.32628	2.91408	1.770×10^4	
4	0.93897	2.07084	3.00351	5.809×10^3	
5	0.97444	2.00334	3.01025	1.853×10^3	
6	0.99319	1.99468	3.00480	9.532×10^2	
7	0.99911	1.99700	3.00140	2.969×10^2	
8	1.00022	1.99902	3.00023	5.586×10	
9	1.00020	1.99980	2.99998	1.963×10	
10	1.00008	2.00000	2.99997	6.102	
11	1.00002	2.00000	2.99999	2.948	
12	1.00000	2.00002	3.00000	0.8775	← 収束

（解）　$x=1, \ y=2, \ z=3$

この例からもわかるように，ヤコビ法と比べたガウス・ザイデル法の優位は明らかである．

||||||||||||||||||||||||||||||||||||||||||||||||||||| **問　題 4-5** |||||||||||||||||||||||||||||||||||||||||||||||||||||

1. 問題4-4問1の連立1次方程式をガウス・ザイデル法で解け．反復回数をヤコビ法と比較せよ．

2. 問題4-4問2の連立1次方程式は，反復法の収束条件を満足していない．それにもかかわらずヤコビ法によっても収束したのはなぜか．この連立1次方程式をガウス・ザイデル法で解いて，ヤコビ法より収束状況がよくなるかどうか調べよ．

第 4 章 演習問題

[1] 次の連立1次方程式をガウスの消去法および LU 分解法により解け．

$$\begin{cases} x+2y+\ z+5u = 20.5 \\ 8x+\ y+3z+\ u = 14.5 \\ x+7y+\ z+\ u = 18.5 \\ x+\ y+6z+\ u = \ 9 \end{cases}$$

[2] 次の連立1次方程式をガウス・ザイデル法により解け．

$$\begin{cases} 8x+2y+\ z+5u = -14 \\ 2x+7y+3z+\ u = \ \ 24 \\ x+7y+5z+\ u = \ \ 35 \\ x+\ y+2z+5u = \ \ -4 \end{cases}$$

[3] 次の連立1次方程式を，係数行列の対角要素の絶対値が各行各列で最大になるように並べ変えてから，ガウス・ザイデル法により解け．

$$\begin{cases} x+\ y+2z+5u+\ v = -13 \\ x+7y+3z+\ u+\ v = \ \ 9 \\ x+\ y+2z+2u+6v = \ \ 21 \\ 8x+2y+\ z+\ u+\ v = \ -4 \\ x+\ y+6z+\ u+\ v = \ -9 \end{cases}$$

5

数値積分

関数 $f(x)$ と，積分範囲の上限 a，下限 b が与えられているとき，定積分 $\int_a^b f(x)dx$ を数値的に求める方法を学ぼう．理学や工学においては，$f(x)$ がごく簡単な場合を除くと，不定積分を用いて定積分を求めることはむずかしい．積分とは曲線 $y=f(x)$ と x 軸の間の面積を求めることであるといえる．面積の値を近似的に求めるには，曲線 $f(x)$ と x 軸の間を簡単な図形に分割して，その図形の面積を加え合わせればよい．どんな図形に分割してやればどんな精度の積分値が得られるか，そこらへんが勘所となる．

110 ——— **5** 数 値 積 分

5-1 等間隔分点の積分公式

数値積分 本章では，与えられた関数 $f(x)$ を $x=a$ から $x=b$ まで積分すること，すなわち

$$I = \int_a^b dx f(x) \tag{5.1}$$

を求める問題を扱う．$f(x)$ が初等関数であれば，解析的に積分できる場合もある．しかし，理工学の分野では，$f(x)$ が初等関数で与えられないことが多いし，たとえ初等関数であっても，ほとんどの場合に積分を解析的に求めることはできないといって差し支えない．このようなときには，必要な精度で数値的に積分することになる．

この章では，被積分関数 $f(x)$ が，積分変数 x の関数として与えられている場合を取り扱うことにする．関数形は必ずしも解析的に与えられているとは限らないが，ここで考えようとしているのは，(1) 等間隔である x の値に対して $f(x)$ の値がわかっている場合と，(2) 不等間隔ではあるが数値積分法の理論が指定する x の値に対する関数値 $f(x)$ が与えられる場合である．

数値積分とは，簡単にいえば，x のいくつかの値 x_i $(i=1, 2, \cdots)$ に対して $f(x_i)$ がわかっているとき，積分値を近似的に

$$\int_a^b dx f(x) \doteqdot w_1 f(x_1) + w_2 f(x_2) + w_3 f(x_3) + \cdots \tag{5.2}$$

の形で求めることである．ここで x_i を**分点**といい，w_i を分点 x_i に対応する**重み**という．重み w_i は x_i によるが，$f(x)$ にはよらない量である．w_i は積分値ができるだけ正確になるようにつくられる．

この章では，

(1) 等間隔分点 x_i が与えられているとき，重み w_i の求め方と積分公式，

(2) 分点 x_i と重み w_i を積分値が最も正確になるように選ぶ方法と積分公式（このときの分点は不等間隔になる）

について学ぶことにする.

台形公式 図5-1のように，曲線 $y=f(x)$ において，$x=a$ と $x=b$ の間を N 等分し，各分点を

$$x_i = x_0 + ih \qquad (i=0, 1, \cdots, N) \tag{5.3}$$

とする. ここに，

$$x_0 = a, \quad x_N = a + Nh = b, \quad h = \frac{b-a}{N} \tag{5.4}$$

である. 各分点での $y=f(x)$ の値を

$$y_i = f(x_i) \qquad (i=0, 1, \cdots, n) \tag{5.5}$$

とする. $N+1$ 個の点 $(x_0, y_0), (x_1, y_1), \cdots, (x_N, y_N)$ を1次式(直線)で結んで，x 軸と折線との間の面積 I_1 を(5.1)の近似値とする：

$$I = \int_a^b dx f(x) \fallingdotseq I_1 \tag{5.6}$$

I_1 は小面積の和であるから，

$$I_1 = \frac{h}{2}(y_0+y_1) + \frac{h}{2}(y_1+y_2) + \cdots + \frac{h}{2}(y_{N-1}+y_N)$$

$$= h\left[\frac{y_0+y_N}{2} + (y_1+y_2+\cdots+y_{N-1})\right]$$

となる. これを書き直して

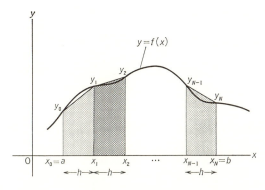

図 5-1 台 形 公 式

112 —— **5 数値積分**

> **台形公式**
> $$I_1 = h\left[\frac{y_0 + y_N}{2} + \sum_{i=1}^{N-1} y_i\right] \tag{5.7}$$

を得る．これは，積分値を台形面積の和で近似しているので，**台形公式**という．

例題5.1 次の積分

$$\int_0^1 \frac{4}{1+x^2}dx = \pi = 3.14159265358979\cdots \tag{5.8}$$

を台形公式で積分せよ．

[解] 積分区間 $H=1-0=1$ を $(N=)10$ 等分して，$h=H/10=0.1$ とすると，$y_i\,(i=0, 1, \cdots, 10)$ は

$$y_0 = 4 \qquad\qquad y_6 = \frac{4}{1+0.6^2} = 2.941176$$

$$y_1 = \frac{4}{1+0.1^2} = 3.960396 \qquad y_7 = \frac{4}{1+0.7^2} = 2.684564$$

$$y_2 = \frac{4}{1+0.2^2} = 3.846154 \qquad y_8 = \frac{4}{1+0.8^2} = 2.439024$$

$$y_3 = \frac{4}{1+0.3^2} = 3.669725 \qquad y_9 = \frac{4}{1+0.9^2} = 2.209944$$

$$y_4 = \frac{4}{1+0.4^2} = 3.448276 \qquad y_{10} = \frac{4}{1+1.0^2} = 2$$

$$y_5 = \frac{4}{1+0.5^2} = 3.2$$

と計算される．これらの値を台形公式(5.7)に代入して

$$I_1 = 0.1\left[\frac{y_0 + y_{10}}{2} + \sum_{i=1}^{9} y_i\right] = 3.139925 \tag{5.9}$$

を得る．▮

台形公式(5.7)の意味は図 5-1 からも明らかであるが，後でのもっと一般的な公式の導出への橋渡しのために，$f(x)$ を 1 次式で近似したことを使って導出してみる．

x_i と x_{i+1} の間で $f(x)$ を 1 次式

$$p_1(x) = \frac{x - x_{i+1}}{x_i - x_{i+1}} y_i + \frac{x - x_i}{x_{i+1} - x_i} y_{i+1} \tag{5.10}$$

で近似する．$p_1(x)$ は，x_i と x_{i+1} でそれぞれ y_i と y_{i+1} に一致する：

$$p_1(x_i) = y_i, \qquad p_1(x_{i+1}) = y_{i+1}$$

ここで $x_{i+1} - x_i = h$ とする．$p_1(x)$ を x_i から x_{i+1} まで積分すると，台形の面積

$$\frac{h}{2}(y_i + y_{i+1})$$

が得られる．(x_0, x_1), (x_1, x_2), $\cdots$, (x_{N-1}, x_N) の区間で同じような1次式をつくって積分し，加え合わせると，台形公式(5.7)が得られる．

台形公式による数値積分の手順と PAD　台形公式(5.7)を用いて積分のよりよい近似値を求めるには，全区間 (a, b) の分割数 N を大きくし，したがって小区間の幅 $h = (b-a)/N$ を小さくしてやればよい．曲線 $f(x)$ を近似する1次式の折線は，h が小さいほど曲線 $f(x)$ に近くなるからである．ここでは，h を規則正しく小さくしていって，各 h に対して積分の近似値を台形公式によって求め，次に h を小さくしたときの台形公式による積分の近似値と必要な桁数だけ一致するまで，h を小さくしていくことを反復する手順を求めよう．h を小さくする仕方を規則的に2等分とすると，

(1)　最初に $N=1$, $h=H=b-a$ として，台形公式より

$$T^0 = H \frac{f(a) + f(b)}{2} \tag{5.11}$$

を求める．

(2)　次に $N=2$ とし，h を半分 $h=H/2$ とする．このときの近似値は

$$T^1 = \frac{H}{2}\left\{\frac{f(a) + f(b)}{2} + f\left(a + \frac{H}{2}\right)\right\}$$

$$= \frac{1}{2} T^0 + h f(a+h) \qquad \left(h = \frac{H}{2}\right) \tag{5.12}$$

この第1項の T^0 はすでに計算ずみで，第2項のみ新たに計算すればよい．

(3)　一般に $h = H/2^{k-1}$ として求めた積分近似値を T^{k-1} とすれば，$h = H/2^k$ としたときの積分近似値は

114 —— **5** 数 値 積 分

$$T^k = \frac{H}{2^k}\left\{\frac{f(a)+f(b)}{2} + \sum_{j=1}^{2^k-1} f\left(a+j\frac{H}{2^k}\right)\right\} \tag{5.13}$$

この右辺の第2項のうち，j が偶数の分点における $f(x)$ の値はすでに計算ずみであるから，j が偶数の項と奇数の項とに分けて

$$\sum_{j=1}^{2^k-1} f\left(a+j\frac{H}{2^k}\right) = \sum_{j=\text{偶数}}^{2^k-2} f\left(a+j\frac{H}{2^k}\right) + \sum_{j=\text{奇数}}^{2^k-1} f\left(a+j\frac{H}{2^k}\right)$$

$$= \sum_{j=1}^{2^{k-1}-1} f\left(a+j\frac{H}{2^{k-1}}\right) + \sum_{j=\text{奇数}}^{2^k-1} f\left(a+j\frac{H}{2^k}\right) \tag{5.14}$$

とすると，(5.13)式から

$$T^{k-1} = \frac{H}{2^{k-1}}\left\{\frac{f(a)+f(b)}{2} + \sum_{j=1}^{2^{k-1}-1} f\left(a+j\frac{H}{2^{k-1}}\right)\right\}$$

であることを考慮して

$$T^k = \frac{1}{2}T^{k-1} + h\sum_{j=\text{奇数}}^{2^k-1} f(a+jh) \qquad \left(h=\frac{H}{2^k}\right) \tag{5.15}$$

となる．すなわち，h を半分にしたときに新しく現われた分点の $f(x)$ だけを計算すればよい．

　h を小さくすればするほど，よい近似値が求められるはずであるが，分点の数は2倍，4倍と多くなり，それに従って演算回数も2倍，4倍と増大するため，丸めの誤差が大きくなる．それでむやみに h を小さくしていっても，必ずしもよい結果が得られるとは限らない．

　h をまず H にとり，それを順次半分にしていく操作の最大回数は，$f(x)$ の性質にもよる．

　図5-2の PAD においては，半分にする操作の最大回数(MXHLF)はデータとして与えるようにしてある．

　例題 5.2　積分

$$\int_0^1 \frac{4}{1+x^2}\,dx = \pi = 3.14159265358979\cdots$$

を台形公式によって求めよ．

　[解]　$f(x)=4/(1+x^2)$, $H=b-a=1$ である．$h=H/2^k(k=0,1,2,\cdots)$ とすると，h は，$H, H/2, H/4, \cdots$ と順次2等分されていく．積分の近似値は(5.15)式

5-1 等間隔分点の積分公式

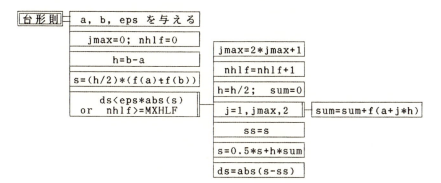

図 5-2 積分値の相対誤差が ε(eps) 以下になるまで台形公式を繰り返し用いる数値積分の PAD

より，

$k = 0$ $\quad T^0 = h\dfrac{f(0)+f(1)}{2} = 1 \times \dfrac{4+2}{2} = 3$

$$(h = H = 1)$$

$k = 1$ $\quad T^1 = \dfrac{1}{2}T^0 + hf(h) = \dfrac{3}{2} + 0.5 \times 3.2 = 3.1$

$$\left(h = \dfrac{H}{2} = \dfrac{1}{2} = 0.5\right)$$

$k = 2$ $\quad T^2 = \dfrac{1}{2}T^1 + h[f(h)+f(3h)] = \dfrac{3.1}{2} + 0.25 \times (3.764705\cdots + 2.56)$

$\quad\quad\quad = 3.131176\cdots$ $\quad \left(h = \dfrac{H}{2^2} = \dfrac{1}{2^2} = 0.25\right)$

$k = 3$ $\quad T^3 = \dfrac{1}{2}T^2 + h[f(h)+f(3h)+f(5h)]$

$$\left(h = \dfrac{H}{2^3} = \dfrac{1}{2^3} = 0.125\right)$$

……………

である．近似値の第1項 $\dfrac{1}{2}T^{k-1}$ は計算ずみの値を使うと，第2項のみ $f(x)$ の値を計算すればよい．数値積分値（積分の近似値） $T^0, T^1, T^2, \cdots, T^{16}$ を求めると次のようになる（一部省略）．

116 ——— **5** 数 値 積 分

k	h	数値積分値
0	1	3.0
1	2^{-1}	3.1
2	2^{-2}	3.131176470588
3	2^{-3}	3.138988494491
4	2^{-4}	3.140941612041
8	2^{-8}	3.141590110458
12	2^{-12}	3.141592643656
16	2^{-16}	3.141592653549

　$k=16$ のとき有効数字 11 桁の精度が得られたが，このときの h は，$h=H/2^k$ $=2^{-16}=1.525\cdots\times10^{-5}$ であり，分点の数は $2^{16}+1=65537$ ある．一般に，10 桁の精度を得ようとすれば，このように膨大な回数の計算を繰り返さなくてはならないわけで，やはりプログラムを書いてコンピュータに実行させたほうがよい．付録 5.1 には，図 5-2 の PAD にしたがって書いた FORTRAN プログラムがある．

　シンプソンの公式　$f(x)$ がなめらかな関数であれば，2 次式で近似するほうが，1 次式で近似した台形公式よりもよい精度の公式が得られるであろう．

　1 次式は 2 つの分点における $f(x)$ の値によってきまるが，2 次式は 3 つの分点における $f(x)$ の値が必要である．それは，1 つの 2 次式は 2 点を通るという条件ではきまらないからである．図 5-3 のように，区間 (a,b) を $2N$ 等分して $h=(b-a)/2N$ とする．$x_0=a$，$x_{2N}=b$ とし，2 つの偶数番目の分点と 1 つの奇数番目の分点との合計 3 つの分点の小区間 $x_i \leqq x \leqq x_{i+2}$（$i$ は偶数）における $f(x)$ を，2 次式

$$p_2(x) = \frac{(x-x_{i+1})(x-x_{i+2})}{(x_i-x_{i+1})(x_i-x_{i+2})}y_i + \frac{(x-x_i)(x-x_{i+2})}{(x_{i+1}-x_i)(x_{i+1}-x_{i+2})}y_{i+1}$$

$$+ \frac{(x-x_i)(x-x_{i+1})}{(x_{i+2}-x_i)(x_{i+2}-x_{i+1})}y_{i+2} \tag{5.16}$$

によって近似する．$p_2(x_i)=y_i=f(x_i)$，$p_2(x_{i+1})=y_{i+1}=f(x_{i+1})$，$p_2(x_{i+2})=y_{i+2}$ $=f(x_{i+2})$ であるから，各分点では $p_2(x)$ は $f(x)$ に一致する．小区間 (x_i, x_{i+2})

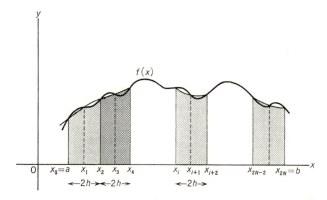

図 5-3 シンプソンの公式

での積分の近似値は,

$$\int_{x_i}^{x_{i+2}} dx p_2(x) = \int_{-h}^{h} dx p_2(x-x_{i+1}) = \frac{h}{3}(y_i + 4y_{i+1} + y_{i+2}) \quad (5.17)$$

であることが2次式の積分の計算によってわかる. したがって,

$$I = \int_a^b dx f(x) \fallingdotseq I_2 \quad (5.18)$$

の近似値 I_2 は, (5.17)を全区間加え合わせたもの, すなわち

$$I_2 = \frac{h}{3}\left[y_0 + 4y_1 + y_2 + \sum_{j=1}^{N-2}(y_{2j} + 4y_{2j+1} + y_{2j+2}) + (y_{2N-2} + 4y_{2N-1} + y_{2N})\right]$$

となり, 結局, 次の公式を得る.

> **シンプソンの公式**
> $$I_2 = \frac{h}{3}\left[y_0 + y_{2N} + 4\sum_{j=1}^{N} y_{2j-1} + 2\sum_{j=1}^{N-1} y_{2j}\right] \quad \left(h = \frac{b-a}{2N}\right)$$

(5.19)

この式をみると, 全区間の端の値 (y_0 と y_{2N}) には重み1, 奇数番目は重み4, 偶数番目は重み2を掛けて加え合わせることになっている. この積分公式をシンプソン(Simpson)の公式, または全体に掛かる係数からシンプソンの**1/3公式**という.

例題 5.3 例題 5.1 と同じ積分をシンプソンの公式を使って求め，台形公式による結果と比べてみよ．

[解] $2N=10$ とすると，$N=5$，$h=0.1$ となって，例題 5.1 の分点の関数値がそのまま使える．

$$I_2 = \frac{0.1}{3}[y_0+y_{10}+4(y_1+y_3+y_5+y_7+y_9)+2(y_2+y_4+y_6+y_8)]$$

$$= \frac{0.1}{3}[6+4\cdot15.72462+2\cdot12.67463]$$

$$= 3.141592$$

同じ分点数によって，有効数字で 7 桁の精度が得られた．

シンプソンの公式による数値積分の手順と PAD 台形公式と同じく，$h=H=b-a$ から出発して，h を半分にしていきつつ，満足のいく精度まで計算するときの手順を図 5-4 の PAD に示す．ただし，シンプソンの公式は全区間を偶数等分したものであるから，$h=H$ のときの値は台形公式でがまんしよう．

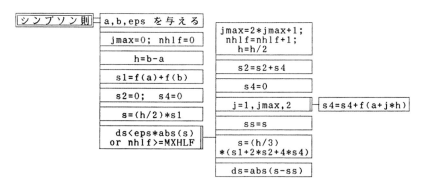

図 5-4 積分値の相対誤差が ε(eps) 以下になるまでシンプソンの公式を繰り返し用いる数値積分の PAD

区間半分割の k 回目に新しく関数値を求める分点はすべて奇数番目(重み 4)であり，偶数番目の分点(重み 2)はすでに $k-1$ 回目に関数値を求めてあった分点である．これは次のように，分点における重みの表をつくってみるとよくわかるであろう．

5-1　等間隔分点の積分公式 ──── 119

k	$x=a$			$x=(a+b)/2$			$x=b$	h
初　回	1						1	H
第1回	1			4			1	$H/2$
第2回	1		4	2	4		1	$H/2^2$
第3回	1	4	2	4	2	4	2	4	1	$H/2^3$
第4回	1 4 2 4 2 4 2 4			2		4 2 4 2 4 2 4 1			$H/2^4$

重み1であった分点(全区間の両端の点)の重みは1のまま変わらない. k回目では,重み2の分点は$k-1$回目にあった(端点以外の)すべての分点である. 重み4の点は新規に関数値を計算しなければならない分点である.

　PADでは,重み2の分点の関数値の和を s2,重み4の分点の関数値の和を s4 とし,各回で s2 に s4 を付け加え,s4 は各回に新規に求めている. s が積分値の近似値 I_2 である. nhlf=k は,半分割回数で,最大 MXHLF まで半分割する. nhlf が MXHLF 以上になったら,半分割によってこれ以上計算を続けることをやめる.

　付録5.2は,このPADの手順をFORTRANで書いたプログラムである.

　例題5.4　前の例題5.2と同じ積分をシンプソンの公式(図5-4のPAD)によって求めよ.

　[解]　$H=b-a=1$ として,$h=H/2^k$ と数値積分値を示す. ただし $k=0$ は台形公式を使用した.

k	h	数値積分値
0	1	3.0　台形公式による
1	2^{-1}	3.1333…
2	2^{-2}	3.1415686…
3	2^{-3}	3.1415925…
4	2^{-4}	3.1415926512…
5	2^{-5}	3.141592653552…
6	2^{-6}	3.14159265358921…

　$k=6$ 回目で13桁の精度が得られており,このときの h は,$h=H/2^k=2^{-6}=1.5625\times10^{-2}$ である. 分点の数は $2^6+1=65$ で,がんばれば電卓でも不可能で

120 ——— **5** 数 値 積 分

はない.

　ニュートン・コーツの公式　被積分関数 $f(x)$ を，1 次式 $p_1(x)$ ((5.10)式)で
近似すれば台形公式(5.7)が得られた．また，2 次式 $p_2(x)$ ((5.16)式)で近似す
ればシンプソンの公式(5.19)が得られた．そして，1 次式近似の台形公式より
2 次式近似のシンプソンの公式のほうが，分点数が少なくてもよい数値積分値
が得られることが分かった(例題 5.1 と例題 5.3 の結果を比べよ)．それでは，
被積分関数 $f(x)$ を 2 次以上の多項式で近似したら，もっとよい近似値が少な
い分点数(したがって，大きな h)で得られはしないだろうか．そこで，一般に
n 次多項式で $f(x)$ を近似したときの数値積分の公式を求めてみよう．とくに
$n=1$ のときの積分公式が台形公式であり，$n=2$ のときの積分公式がシンプソ
ンの公式である．

　台形公式を求めるときに用いた 1 次式 $p_1(x)$ は，2 つの点で $f(x)$ と一致する
ように定めた．その 2 つの点は，小区間の端の点であった．シンプソンの公式
を求めるときに用いた 2 次式 $p_2(x)$ は，3 つの点で $f(x)$ と一致するように定め
た．3 つの点は，小区間の端点と小区間の中点であった．一般に n 次式 $p_n(x)$
は，$f(x)$ と $n+1$ 個の点で一致するように定められる．$n+1$ 個の点は，小区間
の両端と小区間内の $n-1$ 個の点である．小区間の両端の点は，隣の小区間の
端点でもある．小区間の数を N とすれば，全区間 (a, b) 内の分点数は $nN+1$
である．したがって，分点と分点の間の距離は

$$h = \frac{b-a}{nN}$$

となる．$nN+1$ 個の分点を

$$x_0 = a, \ \ x_1, \ \ x_2, \ \ x_3, \ \ \cdots, \ \ x_{nN} = b$$

とする．等間隔分点であるから，

$$x_i = a+ih$$

である．1 つの小区間には端点を含めて $n+1$ 個の点があるから，第 1 の小区
間の分点は $x_0, x_1, x_2, \cdots, x_n$ である．第 2 の小区間の分点は $x_n, x_{n+1}, x_{n+2}, \cdots,$
x_{2n} である．分点 x_n は，第 1 と第 2 の小区間で共有される．一般に第 k 小区

間の分点は，$x_{(k-1)n}, x_{(k-1)n+1}, x_{(k-1)n+2}, \cdots, x_{(k-1)n+n}$ である．したがって，任意の小区間の分点は $x_i, x_{i+1}, x_{i+2}, \cdots, x_{i+n}$（$i$ は n の倍数）と書ける．

1つの小区間における分点での関数値を $y_{i+j}=f(x_{i+j})$（$j=0,1,2,\cdots,n$）とする．この小区間において，各分点上でそれぞれの関数値 y_{i+j} と一致する n 次式の一般形は

$$p_n(x) = \sum_{j=0}^{n} \frac{(x-x_i)(x-x_{i+1})\cdots(x-x_{i+j-1})}{(x_{i+j}-x_i)(x_{i+j}-x_{i+1})\cdots(x_{i+j}-x_{i+j-1})} \cdot$$

$$\frac{(x-x_{i+j+1})\cdots(x-x_{i+n})}{(x_{i+j}-x_{i+j+1})\cdots(x_{i+j}-x_{i+n})} y_{i+j}$$

$$= \sum_{j=0}^{n} \left(\prod_{\substack{k=0 \\ k \neq j}}^{n} \frac{x-x_{i+k}}{x_{i+j}-x_{i+k}} \right) y_{i+j} \tag{5.20}$$

である．和の中の各項の y_{i+j} の係数は，$x=x_{i+j}$ で1となり，その他の分点では0となって，$p_n(x_{i+j})=y_{i+j}$（$j=0,1,2,\cdots,n$）となっている．また，$n=1$ のときは(5.10)式の $p_1(x)$ と一致し，$n=2$ のときは(5.16)式の $p_2(x)$ と一致する．すなわち，$p_n(x)$ は $p_1(x)$ と $p_2(x)$ の一般形になっている．$p_n(x)$ をラグランジュ(Lagrange)の**補間多項式**という．補間というのは，区間 (x_i, x_{i+n}) の間で，分点以外の連続な点でも値をもち，分点ではちょうど $f(x)$ に一致しているという意味である．x_i から x_{i+n} までの $f(x)$ の積分の近似値として

$$\int_{x_i}^{x_{i+n}} dx\, p_n(x) = h \sum_{j=0}^{n} w_j y_{i+j} \tag{5.21}$$

を採用する．w_j は(5.20)式右辺の y_{i+j} の係数を積分して求められ，

$$w_j = \frac{1}{h} \int_{x_i}^{x_{i+n}} dx \prod_{\substack{k=0 \\ k \neq j}}^{n} \frac{x-x_{i+k}}{x_{i+j}-x_{i+k}} \tag{5.22}$$

である．分点間の距離は h であるから

$$\prod_{\substack{k=0 \\ k \neq j}}^{n} (x_{i+j}-x_{i+k}) = \prod_{\substack{k=0 \\ k \neq j}}^{n} \{(j-k)h\}$$

$$= h^n j(j-1)\cdots 2\cdot 1\cdot(-1)\cdot(-2)\cdots(j-n)$$

$$= h^n (-1)^{n-j} j!(n-j)!$$

また $x=x_i+th$ とおくと

122 ——— **5** 数 値 積 分

$$\prod_{\substack{k=0 \\ k \neq j}}^{n} (x - x_{i+k}) = \prod_{\substack{k=0 \\ k \neq j}}^{n} \{(t-k)h\}$$

$$= h^n \frac{t(t-1)\cdots(t-n)}{t-j}$$

ゆえに重みは

$$w_j = \frac{(-1)^{n-j}}{j!(n-j)!} \int_0^n dt \frac{t(t-1)\cdots(t-n)}{t-j} \tag{5.23}$$

となる. したがって積分公式として

ニュートン・コーツの公式

$$I_n = h \sum_{j=0}^{n} w_j \sum_{i=0}^{N-1} f[a+(in+j)h]$$

$$w_j = \frac{(-1)^{n-j}}{j!(n-j)!} \int_0^n dt \frac{t(t-1)\cdots(t-n)}{t-j} \tag{5.24}$$

$$h = \frac{b-a}{nN}$$

が得られる. これを**ニュートン・コーツ**(Newton-Cotes)**の公式**という.

[**例1**] ニュートン・コーツの公式の $n=1$, $n=2$ のときは, これまで求めた公式と一致する.

$n=1$ のときには,

$$w_0 = \frac{(-1)^1}{0!1!} \int_0^1 dt \frac{t(t-1)}{t} = \frac{1}{2}$$

$$w_1 = \frac{(-1)^0}{1!0!} \int_0^1 dt \frac{t(t-1)}{t-1} = \frac{1}{2} \tag{5.25}$$

となり, 台形公式(5.7)を得る.

$n=2$ のときには,

$$w_0 = \frac{(-1)^2}{0!2!} \int_0^2 dt \frac{t(t-1)(t-2)}{t} = \frac{1}{3}$$

$$w_1 = \frac{(-1)^1}{1!1!} \int_0^2 dt \frac{t(t-1)(t-2)}{t-1} = \frac{4}{3} \tag{5.26}$$

$$w_2 = \frac{(-1)^0}{2!0!} \int_0^2 dt \frac{t(t-1)(t-2)}{t-2} = \frac{1}{3}$$

となって，シンプソンの1/3公式(5.19)が得られる.

次に $n=3$ としてみよう. そうすると

$$w_0 = \frac{(-1)^3}{0!3!}\int_0^3 dt\, \frac{t(t-1)(t-2)(t-3)}{t} = \frac{3}{8}$$

$$w_1 = \frac{(-1)^2}{1!2!}\int_0^3 dt\, \frac{t(t-1)(t-2)(t-3)}{t-1} = \frac{9}{8}$$

$$w_2 = \frac{(-1)^2}{2!1!}\int_0^3 dt\, \frac{t(t-1)(t-2)(t-3)}{t-2} = \frac{9}{8}$$ (5.27)

$$w_3 = \frac{(-1)^0}{3!0!}\int_0^3 dt\, \frac{t(t-1)(t-2)(t-3)}{t-3} = \frac{3}{8}$$

となり，積分公式は $h=(b-a)/3N$ として

$$I_3 = \frac{3h}{8}\Bigg[f(a)+f(b)+2\sum_{j=1}^{N-1} f(a+3jh)$$

$$+3\sum_{j=0}^{N-1}\{f(a+(3j+1)h)+f(a+(3j+2)h)\} \Bigg]$$ (5.28)

となる. これはシンプソンの3/8公式といわれているものである. ▮

このように，ニュートン・コーツの公式は，台形公式とシンプソンの公式とを特別な場合として含む一般的な等間隔分点の公式である.

ニュートン・コーツの公式の打切り誤差　任意の関数 $f(x)$ が，$n+1$ 個の分点を含む小区間 $x_i \le x \le x_{i+n}$ で n 次以上の多項式である場合に，$f(x)$ を n 次式 $p_n(x)$ で近似して積分を求めれば，打切り誤差を生じる. $x=x_i$ から x_{i+n} の間を n 等分したときの打切り誤差を E とすれば，この小区間について，

$$\int_{x_i}^{x_{i+n}} f(x)dx = h\sum_{j=0}^n w_j f(x_{i+j})+E$$ (5.29)

と書ける. E を求めるのはやや面倒であるので，結果だけ示す.

n が奇数のとき，

$$E = \frac{f^{(n+1)}(\xi_i)}{(n+1)!}h^{n+2}\int_0^n t(t-1)(t-2)\cdots(t-n)dt$$ (5.30a)

n が偶数のとき，

124 ——— **5** 数 値 積 分

$$E = \frac{f^{(n+2)}(\xi_i)}{(n+2)!} h^{n+3} \int_0^n t^2(t-1)(t-2)\cdots(t-n)dt \qquad (5.30\text{b})$$

である. ここに, ξ_i (ξ はグザイと読む)は, $x=x_i$ から x_{i+n} までの小区間の中のある x の値 $x_i < \xi_i < x_{i+n}$ である.

[**例 2**]　台形公式($n=1$)

$$E = \frac{f''(\xi_i)}{2!} h^3 \int_0^1 t(t-1)dt = -\frac{h^3}{12} f''(\xi_i) \qquad (5.31\text{a})$$

シンプソンの 1/3 公式 ($n=2$)

$$E = \frac{f''''(\xi_i)}{4!} h^5 \int_0^2 t^2(t-1)(t-2)dt = -\frac{h^5}{90} f''''(\xi_i) \qquad (5.31\text{b})$$

シンプソンの 3/8 公式 ($n=3$)

$$E = \frac{f''''(\xi_i)}{4!} h^5 \int_0^3 t(t-1)(t-2)(t-3)dt = -\frac{3}{80} h^5 f''''(\xi_i) \quad (5.31\text{c})$$

　n が大きいほど打切り誤差は小さい傾向があるが, n が偶数のときのほうが奇数のときより有利である. $n=2$ のシンプソンの 1/3 公式は, きざみ幅 h が同じなら $n=3$ の 3/8 公式より有利である. ▌

　高次のニュートン・コーツの公式　重み w_i および打切り誤差 E はそれぞれ (5.24), (5.30)式に与えたので, 高次のニュートン・コーツの公式を導くことができる. 8 次までのニュートン・コーツの公式の重み $w_i = AW_i$ と打切り誤差 E を表 5-1 に示す. 一般に

表 5-1　ニュートン・コーツの公式の重み ($w_i = AW_i$) と打切り誤差 (E).
　　　k は $k=n+1$ (n: 奇数) または $k=n+2$ (n: 偶数) である.

n	A	W_0	W_1	W_2	W_3	W_4	$E/(h^{k+1}f^{(k)})$
1	1/2	1	1				$-1/12$
2	1/3	1	4	1			$-1/90$
3	3/8	1	3	3	1		$-3/80$
4	2/45	7	32	12	32	7	$-8/945$
5	5/288	19	75	50	50	75	$-275/12096$
6	1/140	41	216	27	272	27	$-9/1400$
7	7/17280	751	3577	1323	2989	2989	$-8183/518400$
8	4/14175	989	5888	-928	10496	-4540	$-2368/467775$

$$w_i = w_{n-i}$$

であるので，$n > 4$ 以上では W_5 以上は省略した．（この関係式を(5.24)式を使って証明してみよ．）また，

$$\sum_{i=0}^{n} w_i = n$$

であることも，表 5-1 からわかるが，(5.24)式によって証明することができる．

実際にはこの表 5-1 にあるより高次の公式は用いられることはない．この表にすでにあるように，$n = 8$ のときに重みには負の値のものが現われている．重みに正負の数がまじるときには，丸めの誤差の心配が生じてくる．

━━━━━━━━━━━━━━━ **問　題 5-1** ━━━━━━━━━━━━━━━

1. 次の定積分を分点数 10 の台形公式とシンプソンの公式の 2 通りの方法で行ない，真の値と比べよ．

(1) $\displaystyle\int_0^1 x\,dx = 0.5$　　(2) $\displaystyle\int_{-1}^1 x^2\,dx = 0.6666\cdots$

(3) $\displaystyle\int_0^1 x^3\,dx = 0.25$　　(4) $\displaystyle\int_0^1 \frac{dx}{1+x} = 0.693147\cdots = \log_e 2$

(5) $\displaystyle\int_1^2 \frac{dx}{x^2} = 0.5$

5-2　不等間隔分点の積分公式

ガウスの積分公式　本章の冒頭に述べたように，分点が等間隔であろうと不等間隔であろうと，積分公式は

$$\int_a^b dx\,f(x) \doteqdot \sum_i w_i f(x_i) \tag{5.2}$$

の形で近似値を求めようとするものである．右辺の近似値を求めるためには，分点 x_i と重み w_i が与えられていることが必要である．

等間隔分点のニュートン・コーツの公式の場合に，$x_i\,(i = 0, 1, 2, \cdots, n)$ が与

126 —— **5** 数値積分

えられていた. そして $n+1$ 個の分点のうち, x_0 と x_n は小区間の端点にあっ
た. (これを閉型公式という. 分点が端点にない等間隔分点の開型公式もある.)
分点 x_i が定まっているのだから, 選択できるのは $n+1$ 個の w_i だけであった.
そのため $f(x)$ を近似する多項式は, $n+1$ 分点の場合, 最高 n 次多項式にかぎ
られた. この n 次多項式を使って $n+1$ 個の w_i が定められたのである.

これから考察する不等間隔分点の積分公式では, 分点 x_i と重み w_i の両方を
選んで, 近似多項式の次数を最高に上げようとする方法である. このように選
んだ分点は小区間の端点にあるとはかぎらない. いま, 分点は n 個あるとする
と, 重みの数も n 個であり, 合計 $2n$ 個の x_i と $w_i (i=1, 2, \cdots, n)$ を選ぶことに
なる.

以下考察する積分公式は, これらの分点 x_i と重み w_i を用いて

$$\int_{-1}^{1} dx f(x) \doteqdot \sum_{i=1}^{n} w_i f(x_i) \tag{5.32}$$

とする. 小区間(積分範囲)を $-1 \leqq x \leqq 1$ としても一般性は失われない. なぜ
なら, 小区間が $a \leqq x \leqq b$ のときは, 積分変数を

$$x' = \frac{a+b}{2} + \frac{b-a}{2} x \tag{5.33}$$

と x から x' に変換すれば, x が -1 から 1 まで変化するときに, x' は a から
b に変化するようにできるからである.

任意の $f(x)$ を多項式で表わそうとすると, 一般には無限につづく無限次多
項式となる. これを近似する近似多項式は, できるだけ高次の多項式がよい.
近似多項式では n 個の x_i と n 個の w_i, 合計 $2n$ 個の量を変化させることがで
きるので, 最高次の近似多項式の次数は $2n-1$ 次となる. (多項式の係数が $2n$
個ある多項式は $2n-1$ 次である.) ただし, 近似多項式は, n 個の分点で $f(x)$
と一致しなければならない.

このような $2n-1$ 次の多項式をつくることはそう難しいことではない. ま
ず, 関数

$$\varphi_n(x) = (x-x_1)(x-x_2)\cdots(x-x_n) = \prod_{j=1}^{n} (x-x_j) \tag{5.34}$$

は，分点で 0 になる n 次多項式である：

$$\varphi_n(x_i) = 0 \qquad (i = 1, 2, \cdots, n) \tag{5.34'}$$

$\varphi_n(x)$ を x で微分すると

$$\varphi_n'(x) = \sum_{i=1}^{n} \prod_{\substack{j=1 \\ j \neq i}}^{n} (x - x_j) \tag{5.35}$$

である．したがって

$$\varphi_n'(x_i) = \prod_{\substack{j=1 \\ j \neq i}}^{n} (x_i - x_j) \tag{5.35'}$$

これを用いれば，n 個の分点 x_i で $f(x_i)$ となるラグランジュの補間式は $n-1$ 次であり，

$$\begin{aligned}
p_{n-1}(x) &= \sum_{i=1}^{n} \frac{(x-x_1)\cdots(x-x_{i-1})(x-x_{i+1})\cdots(x-x_n)}{(x_i-x_1)\cdots(x_i-x_{i-1})(x_i-x_{i+1})\cdots(x_i-x_n)} f(x_i) \\
&= \sum_{i=1}^{n} \frac{\varphi_n(x)/(x-x_i)}{\varphi_n'(x_i)} f(x_i) \\
&= \varphi_n(x) \sum_{i=1}^{n} \frac{f(x_i)}{(x-x_i)\varphi_n'(x_i)}
\end{aligned} \tag{5.36}$$

と表わせる．したがって任意の関数 $f(x)$ は

$$f(x) = p_{n-1}(x) + \varphi_n(x)(b_0 + b_1 x + b_2 x^2 + \cdots + b_{n-1} x^{n-1} + g(x)) \tag{5.37}$$

と書ける．$\varphi_n(x)g(x)$ を除いた $2n-1$ 次式が，分点で $f(x)$ に一致する $2n-1$ 次多項式であり，$\varphi_n(x)g(x)$ が打切り誤差に寄与する部分である．

これを積分すれば，目的の積分公式が得られる．まず (5.32) 式左辺に (5.37) を代入すると，打切り誤差を E として，

$$\int_{-1}^{1} dx f(x) = \int_{-1}^{1} dx p_{n-1}(x) + \int_{-1}^{1} dx \varphi_n(x)(b_0 + b_1 x + \cdots + b_{n-1} x^{n-1}) + E \tag{5.38}$$

と書ける．この右辺第 1 項は，

$$\begin{aligned}
\int_{-1}^{1} dx p_{n-1}(x) &= \sum_{i=1}^{n} w_i f(x_i) \\
w_i &= \int_{-1}^{1} dx \frac{\varphi_n(x)}{(x-x_i)\varphi_n'(x_i)}
\end{aligned} \tag{5.39}$$

128 ―――― **5** 数 値 積 分

となり，求める積分公式の形をしている．(5.38)式の右辺第2項は $f(x_i)$ を含まないから，積分公式の形にはならない．積分公式の形になるためには次の関係が必要である．

$$\int_{-1}^{1} dx \varphi_n(x) x^k = 0 \qquad (k=0, 1, 2, \cdots, n-1) \tag{5.40}$$

このことと，$\varphi_n(x)$ が分点で 0 であること，すなわち

$$\varphi_n(x_i) = 0 \qquad (i=1, 2, \cdots, n-1) \tag{5.41}$$

であること，この2つの条件が満たされたとき，(5.38)式は求める積分公式を与える．

幸いなことに，この2つの条件を満たすような n 次多項式として，ルジャンドル (Legendre)の多項式があり，次のように定義される．

$$P_n(x) = \frac{1}{2^n n!} \frac{d^n}{dx^n}(x^2-1)^n \tag{5.42}$$

$n=0, 1, 2, 3$ の場合を書いてみると

$$P_0(x) = 1, \qquad P_1(x) = x,$$
$$P_2(x) = \frac{1}{2}(3x^2-1), \qquad P_3(x) = \frac{1}{2}(5x^3-3x) \tag{5.43}$$

となる．このうち $P_0(x)$ と $P_1(x)$ がわかっているときには，$n>1$ の P_n は次の漸化式によって次つぎに求めることができる．

$$nP_n(x) - (2n-1)xP_{n-1}(x) + (n-1)P_{n-2}(x) = 0 \tag{5.44}$$

ルジャンドルの多項式 P_n が，われわれにとって必要な関係(5.40)を満たしていることは，次のようにして示せる．すなわち，(5.40)式の左辺で $\varphi_n = P_n$ とおいて

$$\int_{-1}^{1} dx P_n(x) x^k \qquad (k=0, 1, 2, \cdots, n-1) \tag{5.45}$$

とし，これに P_n の定義式(5.42)を代入して部分積分すればよい．

しかし，(5.34)式によって導入された $\varphi_n(x)$ の x^n の係数は 1 である．一方，ルジャンドルの多項式(5.42)の x^n の係数は 1 ではない．この2つの式の係数を合わせるために，改めて

5-2 不等間隔分点の積分公式 ——— 129

$$\varphi_n(x) = \frac{2^n(n!)^2}{(2n)!} P_n(x) \tag{5.46}$$

とおき直せば，これこそが求める近似多項式である．

こうして近似多項式は得られたが，近似積分を計算するためには，分点 x_i を決めなくてはならない．(5.34') 式から，分点 x_i で $\varphi_n(x_i)=0$ であるから，(5.46) 式によって，x_i は

$$P_n(x_i) = 0 \tag{5.47}$$

を満たさなければならない．すなわち，分点は，ルジャンドルの多項式の零 (ゼロ) 点にほかならない．

$\varphi_n(x)$ を (5.46) 式のようにとることによって (5.38) 式の第 2 項が 0 となり，さらに同式で (5.33) の変数変換によって積分範囲を $a \leqq x \leqq b$ に戻せば，不等間隔 n 分点の積分公式は次のように得られる．

ガウスの積分公式

$$\int_a^b dx\, f(x) = \frac{b-a}{2} \sum_{i=1}^n w_i f(x_i) + E$$

$$x_i = \frac{b-a}{2} x_{0i} + \frac{b+a}{2} \qquad (x_{0i} \text{ は } P_n(x) \text{ の零点})$$

$$w_i = \int_{-1}^1 dx\, \frac{P_n(x)}{(x-x_{0i})P_n{}'(x_{0i})} \qquad (i=1,2,\cdots,n)$$

(5.48)

これをガウス・ルジャンドル (Gauss–Legendre) の積分公式，または単にガウスの積分公式という．また，打切り誤差 E は次式で与えられる．

$$E = \frac{f^{(2n)}(\xi)}{(2n)!} \int_a^b dx\, \varphi_n{}^2(x) = \frac{(n!)^4(b-a)^{2n+1}}{(2n+1)\{(2n)!\}^3} f^{(2n)}(\xi) \tag{5.49}$$

この式から，n 分点の積分公式は，$2n-1$ 次のニュートン・コーツの公式に相当する程度の打切り誤差をもつことが知られる．

ガウスの積分公式は，少ない分点で高い精度の積分値を得ることができる．分点の座標 x_{0i} と重み w_i は上式で計算するごとに求めることをしないで，プログラム中に記憶させておくとよい．表 5-2 に分点数 2 から 5 までの分点座標と重みを示す．

130 —— **5** 数 値 積 分

表5-2　ガウスの積分公式の分点と重み

分点数 (n)	分点 (x_{0i})	重み (w_i)
2	$\pm 0.57735\ 02691\ 89626$	1.0
3	$\pm 0.77459\ 66692\ 41483$	$0.55555\ 55555\ 55556$
	$0.$	$0.88888\ 88888\ 88889$
4	$\pm 0.86113\ 63115\ 94053$	$0.34785\ 48451\ 37454$
	$\pm 0.33998\ 10435\ 84856$	$0.65214\ 51548\ 62546$
5	$\pm 0.90617\ 98459\ 38664$	$0.23692\ 68850\ 56189$
	$\pm 0.53846\ 93101\ 05683$	$0.47862\ 86704\ 99366$
	$0.$	$0.56888\ 88888\ 88889$

例題 5.5　ガウスの積分公式(分点数 $n=3$)によって

$$\int_1^2 \frac{dx}{x} \tag{5.50}$$

を求めよ.

[解]　(5.48)の第1式に $f(x)=1/x$, $f(x_i)=1/x_i$ $(i=1,2,3)$ を代入すると

$$\int_1^2 \frac{dx}{x} = \frac{b-a}{2}\left(\frac{w_1}{x_1}+\frac{w_2}{x_2}+\frac{w_3}{x_3}\right)$$

題意により $b=2$, $a=1$ だから,

$$x_1 = \frac{3}{2}+\frac{x_{01}}{2}, \quad x_2 = \frac{3}{2}+\frac{x_{02}}{2}, \quad x_3 = \frac{3}{2}+\frac{x_{03}}{2}$$

x_{01}, x_{02}, x_{03} および w_1, w_2, w_3 は表5-2を用いる. これらを上式に代入して,

$$\int_1^2 \frac{dx}{x} = \frac{2-1}{2}\left(\frac{5}{9}\frac{1}{\frac{1}{2}(3+x_{01})}+\frac{8}{9}\frac{1}{\frac{1}{2}(3+x_{02})}+\frac{5}{9}\frac{1}{\frac{1}{2}(3+x_{03})}\right)$$

$$= 0.6931216$$

一方, 真の値は $\int_1^2 \frac{dx}{x} = \log 2 \doteqdot 0.6931471$ であって, 有効数字4桁の精度をもつ. ▊

例題 5.6　ガウスの積分公式を用いて次の式を計算することにより, 円周率 π を求めよ.

5-2 不等間隔分点の積分公式 —— 131

$$I = \int_0^1 \frac{4}{1+x^2} dx = \pi = 3.14159265358979\cdots \tag{5.8}$$

また，得られた結果を前の例題 5.1〜例題 5.4 と比べてみよ.

[解] 題意によって $a=0$, $b=1$ である.

$n=2$ のとき. 表5-2 から

$$x_1 = \frac{b-a}{2}x_{01} + \frac{b+a}{2} = \frac{1}{2}(-0.5773502+1) = 0.2113249$$

$$x_2 = \frac{b-a}{2}x_{02} + \frac{b+a}{2} = \frac{1}{2}(0.5773502+1) = 0.7886751$$

$$w_1 = w_2 = 1$$

$$\therefore \quad I = \pi \fallingdotseq \frac{b-a}{2}\left(\frac{4w_1}{1+x_1^2} + \frac{4w_2}{1+x_2^2}\right) = 3.147541$$

$n=3$ のとき. 表5-2 から

$$x_1 = \frac{b-a}{2}x_{01} + \frac{b+a}{2} = \frac{1}{2}(-0.7745966+1) = 0.1127017$$

$$x_2 = \frac{b-a}{2}x_{02} + \frac{b+a}{2} = \frac{1}{2} = 0.5$$

$$x_3 = \frac{b-a}{2}x_{03} + \frac{b+a}{2} = \frac{1}{2}(0.7745966+1) = 0.8872983$$

$$w_1 = w_3 = \frac{5}{9} = 0.5555555\cdots, \qquad w_2 = \frac{8}{9} = 0.8888888\cdots$$

$$\therefore \quad I = \pi \fallingdotseq \frac{b-a}{2}\left(\frac{4w_1}{1+x_1^2} + \frac{4w_2}{1+x_2^2} + \frac{4w_3}{1+x_3^2}\right) = 3.141068$$

$n=4$ のとき. 同様にして $I = \pi \fallingdotseq 3.141612$

$n=5$ のとき. 同様にして $I = \pi \fallingdotseq 3.141593$

有効数字6桁の精度を得るためには，分点数は

台形公式（1次式近似） 64（例題 5.2）

シンプソンの公式（2次式近似） 16（例題 5.4）

ガウスの積分公式（9次式近似） 5（本例題）

などである.▮

ガウスの積分公式は少ない分点数でよい精度の積分値が得られる. ガウスの

132 —— **5** 数値積分

積分公式の欠点をあげるとすれば，重みと分点座標値が簡単な数でないことであろう．

ガウスの積分公式を用いた数値積分の手順　例題5.6でみたように，有効数字7桁の精度で積分値πを求めるには，ガウスの積分公式で分点数$n=5$でよい．10桁程度の精度の値を求めるには，$n=7$が必要である．

例題5.6のような，性質が比較的よい被積分関数$f(x)$の場合には全積分区間を一挙に積分してもよいが，すこし性質のよくない被積分関数の場合や，性質がよくても，積分区間が大きいときには，積分区間を細分割して，各小積分区間での積分値を加えて，全積分区間での積分値を求めたほうがよい．

$$\int_a^b f(x)dx = \sum_{i=0}^{N-1} \int_{x_i}^{x_{i+1}} f(x)dx \qquad (x_0=a,\ x_N=b) \qquad (5.51)$$

実際に$N=8$として積分区間を8等分して，各小区間で分点数$n=5$の積分公式を用いて和をとると，有効数字14桁の精度でπが得られる．

積分区間細分割数Nを与えて，許容相対誤差ε以下に達するまで分点数を$n=2$から7までふやしていきながら積分値を求める手順を，図5-5のPADで示す．この手順は次のとおりである．

(0)　細分割数N，積分下限a，上限b，および許容相対誤差εを与える．細分割は等分割とし，小区間の長さを$d=(b-a)/N$，積分値Sを$S=0$とおく．

(1)　$i=1, 2, \cdots, N$の順に

(1.1)　$x_{\min}=a+(i-1)d$　（小区間の下限）

$x_{\max}=x_{\min}+d$　　（小区間の上限）

(1.2)　$x=x_{\min}$から$x=x_{\max}$までを積分し，その値をdSに求める．その手順は

(1.2.1)　$dS=(x_{\max}-x_{\min})f[(x_{\min}+x_{\max})/2]$

小区間において$f(x)=$一定　と考えたときの積分値（分点数$n=1$に相当する）．

(1.2.2)　分点数$n=2, 3, 4, \cdots, 7$の順にガウスの積分公式によって積分

5-2 不等間隔分点の積分公式

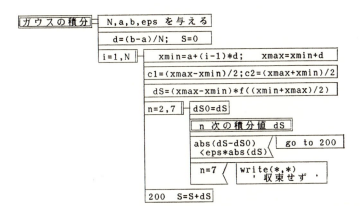

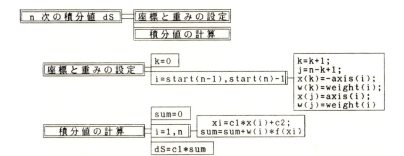

図 5-5 積分区間を N 等分し，各小区間に7次までのガウスの積分公式を適用し，許容相対誤差 ε(eps) 以下の積分値を得る手順の PAD

値を求める．

(1.2.2.1) $dS_0 = dS$ とおき，$n-1$ 分点のときの積分値を dS_0 に記憶させておく．

(1.2.2.2) 分点 $x_{01}, x_{02}, \cdots, x_{0n}$，重み $w_1, w_2, \cdots, w_n$ をテーブルから書きうつす．

(1.2.2.3) ガウスの積分公式による計算．

(1.2.2.4) dS に小区間の積分値を求める．

(1.2.2.5) $|dS - dS_0| < \varepsilon |dS|$ なら収束したと判定して(1.3)へ．

$n=7$ で収束しなかったら収束しないとして打ち切る．

134———— **5** 数値積分

(1.2.2.6) 次の分点数 n の積分を行なうため，(1.2.2.1)へ.

(1.3) 積分値 S を dS ふやして，次の小区間の積分のため，(1.1)にもどる.

(2) S を印刷して終わる.

この手順にしたがってFORTRANのプログラムを書くと付録5.3のように
なる．手順のうち，x_{min} から x_{max} までの小区間の積分（上記手順の(1.2)）は，
サブルーチン副プログラムGAUSSで行なっている.

‖‖ **問 題 5-2** ‖‖

1. 次の定積分を分割数 $N=1$，分点数 $n=3$ のガウスの積分公式をもちいて行な
い，正確な値と比べよ．また，問題5-1問1の結果と比較せよ.

(1) $\displaystyle\int_0^1 x\,dx = 0.5$　　　　(2) $\displaystyle\int_{-1}^1 x^2\,dx = 0.6666\cdots$

(3) $\displaystyle\int_0^1 x^3\,dx = 0.25$　　　(4) $\displaystyle\int_0^1 \frac{dx}{1+x} = 0.693147\cdots = \log_e 2$

(5) $\displaystyle\int_1^2 \frac{dx}{x^2} = 0.5$

2. 次の積分をガウスの積分公式を用いて数値積分して，真の値と比較せよ.

$$I = \int_0^1 \tan^2 x\,dx = [\tan x - x]_0^1 = \tan 1 - 1 = 0.5574077\cdots$$

‖‖‖

第 5 章 演 習 問 題

[1] 次の定積分を台形公式，シンプソンの公式，ガウスの公式を用いて行ない，真
の値と比較せよ.

(1) $\displaystyle\int_0^1 x^3\,dx = 0.25$　　　　(2) $\displaystyle\int_0^{\pi/2} \sin x\,dx = 1$

(3) $\displaystyle\int_0^1 \frac{dx}{(1+x)^2} = 0.5$　　(4) $\displaystyle\int_0^2 \frac{dx}{2\sqrt{x}} = \sqrt{2} = 1.41421356\cdots$

(5) $\int_1^3 \dfrac{dx}{x} = \log_e 3 = 1.098612289\cdots$

[2] 前問の定積分を分割数 $N=1$ で，分点数が $n=3$ と $n=5$ の2通りのガウスの公式を用いて行ない，真の値と比較せよ．

[3] 次の定積分は楕円積分とよばれる積分で，初等関数では表わせない．積分の上限 $x=1$ では被積分関数が無限大になるから，ニュートン・コーツの公式は使えない．$m=0, 0.5$ の場合についてガウスの積分公式を用いて積分せよ．

(1) 完全楕円積分
$$K(m) = \int_0^1 \frac{dx}{\sqrt{(1-x^2)(1-mx^2)}} = \int_0^{\pi/2} \frac{d\theta}{\sqrt{1-m\sin^2\theta}}$$

(2) 不完全楕円積分
$$E(m) = \int_0^1 \left(\frac{1-mx^2}{1-x^2}\right)^{1/2} dx = \int_0^{\pi/2} \sqrt{1-m\sin^2\theta}\, d\theta$$

ソートの手順

　よく使う手順に，数字の列を小さい方から大きい方(昇順)，または大きい方から小さい方(降順)に並べ換えることがある．たとえば，学生番号の順に並べるとか，英語，国語，数学，物理，化学の得点の合計の大きい順に並べるとか，会社の売上額の大きい順に並べるとかである．並べ換えのことを「ソート(sort)」という．日本工業規格では「順序づけ」という．コンピュータが普及した今日では大量のデータの処理を行なうが，このときソートは重要である．

　データが少ないときはどんな手順でも大した違いはないが，大量になると手順によって処理時間が1000倍くらい簡単に違ってくる．ソートは，2つのデータの大小の比較を何回も繰り返すが，数学的には n 個のデータをソートするのに必要な比較の最小回数 N は $N=n\log_2 n$ 回であるとされている．比較の回数が少ないほど高速の手順である．

　最も単純な方法(単純選択法と呼ばれている)に次のような方法がある．

いま5個の数

$$9\ 5\ 1\ 3\ 6$$

を昇順にソートすることを考えよう．まず左端の位置にくるべき数字は5個の中の最小の数字である．左から右に見て比較していって，最小の数字1を見つけてこれを左端の数字9といれかえる．

　　(1)　1　5　9　3　6　　(4回の比較)

次に左から2番目の位置の5と左端を除いた4個の中で最小の数字3とを入れ換える．

　　(2)　1　3　9　5　6　　(3回の比較)

同様にして左から3番目から4番目に各回で最小の数字をいれていけば

　　(3)　1　3　5　9　6　　(2回の比較)
　　(4)　1　3　5　6　9　　(1回の比較)

比較回数は $4+3+2+1=10$ 回である．n 個のデータのときは，この手順の比較回数は

$$(n-1)+(n-2)+\cdots+3+2+1 = n(n-1)/2\ \text{回}$$

になる．期待される最小比較回数との比は n が大きいとき $n/(2\log_2 n)$ 倍であるが，この比は $n=10^3$ で50倍，$n=10^5$ で3000倍に達する．

　高速ソート法には，山積みソート，シェルソート，クイックソート，分布数えソートなどがある．

常微分方程式

理学や工学における法則や関係式はほとんど，微分方程式であらわされる．たとえばニュートンの運動方程式は2階微分方程式である．ところが，微分方程式を理論計算によって解くことは，きわめて限られた場合を除いて，不可能である．この章では，独立変数が1つの微分方程式，すなわち常微分方程式の解を数値計算によって求めることを考える．

138 —— **6** 常微分方程式

6-1 常微分方程式

常微分方程式　地上から鉛直上向きに物体を投げ上げたとき，物体の位置 x（高さ）と速度 v は，時間 t とともに時々刻々変化する．速度 v は

$$\frac{dx}{dt} = v \tag{6.1}$$

のように，x の 1 階の導関数である．また，加速度は x の 2 階導関数であり，力学の原理によれば，重力の加速度 g に等しい．

$$\frac{d^2x}{dt^2} = -g = 一定 \quad （上向きを正とする） \tag{6.2}$$

この方程式は，(6.1) と (6.2) 式を組み合わせて，

$$\frac{dv}{dt} = -g \tag{6.3}$$

とも表わされる．

　さて，物理学や工学においては，この例のように導関数を含む関係式が与えられているとき，この関係式をみたす関数を求める必要がしばしば生じる．上の例では，(6.1) あるいは (6.2)，(6.3) 式から，x を t の関数として $x=x(t)$ を求めることになる．投げ上げの初速度を v_0，投げ上げた瞬間の時刻を 0，そのときの高さを x_0 とすると，求める関数は

$$x(t) = -\frac{1}{2}gt^2 + v_0 t + x_0 \tag{6.4}$$

である．

　一般に，導関数を含む関係式から，関数そのものを求めるとき，導関数を含む関係式を**微分方程式**といい，もとの関数を求めることを，**微分方程式を解く**という．微分方程式に含まれる導関数が，ただ 1 つの変数による微分であるとき（すなわち，**独立変数**がただ 1 つであるとき），この微分方程式を**常微分方程式**という．上の例では，独立変数は時間 t だけであるから，(6.1)，(6.2)，(6.3) はいずれも常微分方程式である．

6-1 常微分方程式 ── 139

　常微分方程式の解である関数を完全に求めるには，上の例のように，独立変数がある値(上の例の $t=0$)をとるときの関数(上の例では x)およびその導関数(上の例では $v=dx/dt$)の値を指定しなければならない(上の例では x_0 と v_0)．この値を**初期条件**という．$t=0$ のときの x の値 $x=x_0$，$v=dx/dt$ の値 $v=v_0$ はたしかに「初期」条件であるが，$t=0$ でない $t=t_1 \neq 0$ の「初期」でないときの値 $x=x_1$ や $v=v_1$ が与えられているときでも，初期条件という．初期条件とは，関数を完全に決定するのに必要な値であると思えばよく，「初期」という言葉にこだわる必要はない．上の例で，$t=t_1>0$ の時刻の高さ $x=x_1$ と $v=v_1$ が与えられていれば，

$$x = -\frac{1}{2}g(t-t_1)^2 + v_1(t-t_1) + x_1 \tag{6.4'}$$

となり，x は t の関数として完全に書けるから，「初期」でない初期条件でも与えられればよいのである．話をもっと一般的にして，独立変数が時間でなくても，独立変数がある値をとるときの関数や導関数の値を初期条件ということにする．大切なことは，微分方程式が与えられたとき，これを解くためには，初期条件が必要なことである．初期条件がなくては微分方程式を解くことはできない．初期条件が与えられたときの微分方程式を解く問題を**初期値問題**という．

　上の例では，

　　　微分方程式　　　$\dfrac{d^2x}{dt^2} = -g$

　　　初期条件　　　$t = 0$ で　$x = x_0$,　　$\dfrac{dx}{dt} = v_0$

と考えてもよいし，

　　　微分方程式　　　$\dfrac{dx}{dt} = v$,　　$\dfrac{dv}{dt} = -g$

　　　初期条件　　　$t = 0$ で　$x = x_0$,　　$v = v_0$

と考えてもよい．すなわち，「2階の**単独**の微分方程式，および関数とその1階導関数に課された初期条件」は，「2つの1階の**連立**の微分方程式，および2つの関数に課された初期条件」とは同等である．

140 ———— **6** 常微分方程式

一般に，n 階の単独の微分方程式

$$\frac{d^n x}{dt^n} = f\left(x, \frac{dx}{dt}, \frac{d^2 x}{dt^2}, \cdots, \frac{d^{n-1}x}{dt^{n-1}}, t\right) \tag{6.5a}$$

と n 個の初期条件

$$x = a_0, \ \frac{dx}{dt} = a_1, \ \frac{d^2 x}{dt^2} = a_2, \ \cdots, \ \frac{d^{n-1}x}{dt^{n-1}} = a_{n-1} \tag{6.5b}$$

は，

$$\frac{dx}{dt} = y_1, \ \frac{d^2 x}{dt^2} = \frac{dy_1}{dt} = y_2, \ \cdots, \ \frac{d^{n-1}x}{dt^{n-1}} = y_{n-1} \tag{6.6}$$

という置き換えをすることによって，n 個の連立 1 階微分方程式

$$\begin{cases} \dfrac{dx}{dt} = y_1 \\[2mm] \dfrac{dy_1}{dt} = y_2 \\[1mm] \cdots\cdots\cdots \\[1mm] \dfrac{dy_{n-1}}{dt} = f(x, y_1, y_2, \cdots, y_{n-1}, t) \end{cases} \tag{6.7a}$$

と n 個の初期条件

$$x = a_0, \ y_1 = a_1, \ y_2 = a_2, \ \cdots, \ y_{n-1} = a_{n-1} \tag{6.7b}$$

に変えることができる．n 階の常微分方程式よりも 1 階の常微分方程式の方が考えやすいので，以後は，1 階の常微分方程式について考えることにする．

常微分方程式は，独立変数が 1 つの場合である．独立変数が 2 つ以上の微分方程式は，**偏微分方程式**という．たとえば，2 つの独立変数 x, y と未知関数 u の微分方程式

$$\frac{\partial^2 u}{\partial x^2} + \frac{\partial^2 u}{\partial y^2} = 0 \tag{6.8}$$

は，偏微分方程式である．偏微分方程式の解法は，常微分方程式の解法とはまったく異なった考え方が必要であり，本書では取り扱わない．

常微分方程式の数値解　常微分方程式と初期条件

$$\frac{dx}{dt} = f(x, t), \quad t = 0 \ \ \text{で} \ \ x = x_0 \tag{6.9}$$

を数値的に解くということは,

$$t = t_0 = 0 \quad \text{で} \quad x = x_0$$

から出発して,

$$t = t_1,\ t_2,\ \cdots,\ t_k,\ \cdots,\ t_n$$

での x の数値

$$x = x_1,\ x_2,\ \cdots,\ x_k,\ \cdots,\ x_n$$

を求めていくことである. 数値は有限の桁数しか用いられないので, $t_0, t_1, \cdots,$ t_n はとびとびの値になる.

$$t_1 - t_0 = h_1, \quad t_2 - t_1 = h_2, \quad \cdots$$

を**きざみ幅**または**ステップ幅**という. 簡単なのは,

$$h_1 = h_2 = \cdots = h_n = h$$

と一定幅にとることである.

第5章の数値積分において述べた積分と関連させると, 本章における常微分方程式の解は

$$x_i = \int_{t_0}^{t_i} dt\, f(x(t), t) \tag{6.10}$$

となる. 逆に, 第5章の積分を本章の記号で書くと

$$x_i = \int_{t_0}^{t_i} dt\, f(t) \tag{6.11}$$

であり, この2つの積分の著しい差異は, 被積分関数が未知関数 $x(t)$ を含むかどうかである. 含まないときには第5章の方法が直ちに使える. 含むときには, 第5章の方法はすぐには使えない. 本章では, 一般に, 未知関数を含む場合にも使える方法を考えていかねばならない.

6-2 オイラー法

単独1階常微分方程式

$$\frac{dx}{dt} = f(x, t) \tag{6.12}$$

142 —— **6** 常微分方程式

を考える.(一般的な連立 1 階常微分方程式は 6-3 節末尾で扱う.) 独立変数 t を,$t=0$ から一定のきざみ幅 $h>0$ で,$t_k=kh\,(k=1, 2, \cdots, n)$ とふやしていき,$t_n=nh$ まで積分して,未知関数 $x(t)$ のとびとびの t に対する値 $x_k=x(t+kh)$ を求めていきたい.

x_k までの x がわかっているとき,x_{k+1} を求める.それには,t_k における導関数を

$$\left(\frac{dx}{dt}\right)_{t=t_k} \doteqdot \frac{x_{k+1}-x_k}{h} \qquad \text{(前進差分)} \tag{6.13}$$

と近似して,(6.12)式を

> **オイラー法**
> $$x_{k+1} = x_k+hf(x_k, t_k) \tag{6.14}$$

と変形する.x_0 は初期条件として与えられているから,この式から

$$x_1 = x_0+hf(x_0, t_0)$$
$$x_2 = x_1+hf(x_1, t_1)$$
$$\cdots\cdots\cdots\cdots$$

と,次つぎと求められる.この方法を**オイラー**(Euler)**法**という.常微分方程式のもっとも簡単な数値解法である.

[例 1]
$$\frac{dx}{dt} = -x \qquad (t=0 \text{ で } x_0=1) \tag{6.15}$$

をオイラー法によって解く.このとき,(6.14)は

$$x_{k+1} = x_k+h(-x_k) \tag{6.16}$$

となる.これをきざみ幅 $h=0.05$ として解いて,厳密解 $x=e^{-t}$ と比較する.

$$x_0 = 1 \qquad\qquad\qquad\qquad\qquad e^0 = 1$$
$$x_1 = 1+0.05\times(-1) = 0.95 \qquad\qquad e^{-0.05} = 0.9512294\cdots$$
$$x_2 = 0.95+0.05\times(-0.95) = 0.9025 \qquad e^{-0.1} = 0.9048374\cdots$$
$$x_3 = 0.9025+0.05\times(-0.9025) = 0.857375 \qquad e^{-0.15} = 0.8607079\cdots$$
$$x_4 = 0.857375+0.05\times(-0.857375) = 0.81450625 \qquad e^{-0.2} = 0.8187307\cdots$$
$$\cdots\cdots\cdots\cdots$$

一方，(6.16)を一般式のまま解くと，オイラー法によるこの方程式の解は，
$$x_k = (1-h)^k x_0 = (1-h)^k \tag{6.17}$$
となる．$t=kh=$一定として $h\to 0$ の極限（$k\to\infty$ の極限）をとると
$$x(t) = \lim_{h\to 0}(1-h)^{t/h} = \lim_{h\to 0}[(1-h)^{1/h}]^t = (e^{-1})^t = e^{-t} \tag{6.18}$$
となり，厳密解 $x=e^{-t}$ に一致する．数値計算によっては $h\to 0$ とすることはできないので，数値に誤差が生じる．■

(6.12)式のオイラー法を図で示すと，図6-1のようになる．まず，点 (t_0, x_0) から勾配 $f(x_0, t_0)$ の接線を引き，この直線上の $t=t_1$ の点の x の値を x_1 とする．次に点 (t_1, x_1) から勾配 $f(x_1, t_1)$ で直線を引き，$t=t_2$ の点の x の値を x_2 とする．順次これを n 回くり返して x_n を求めるということである．$f(x,t)$ は，わかっている x と t の関数であるが，初期値 x_0 以外の値は正確な値 $x(t)$ とは一致しない．

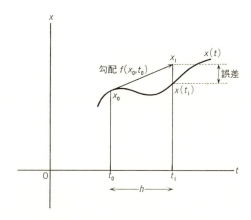

図6-1　オイラー法（$k=0$ のとき）

オイラー法の公式(6.14)と正確な解 $x(t)$ との差は誤差である．$t=t_k$ における誤差 e_k は
$$e_k = x(t_k) - x_k \tag{6.19}$$
と表わされる．e_k を**離散化誤差**という．離散化とは，もともと連続であるべき t をとびとびの値 $t_0, t_1, \cdots, t_n$ にとり，微分を(6.13)のような**差分商**でおきかえ

144 ——— **6** 常微分方程式

ることである. そして, (6.13)で $h \to 0$ とすべきところを, 有限な値のまま止めてしまうために生ずる誤差が離散化誤差である.

数値計算では, $h \to 0$ という極限操作は不可能である. n 個の点における離散化誤差 $e_1, e_2, \cdots, e_n$ の中で, 絶対値の最も大きい離散化誤差を**大域的離散化誤差**という. 式で書けば

$$|e| = \max \{|e_1|, |e_2|, \cdots, |e_n|\} \tag{6.20}$$

となるが, この値が十分に小さいほど積分範囲 $t_0 \leqq t \leqq t_n$ 全体においてよい近似解といえる. t が t_0 から t_n までとびとびに変化する間に, 離散化誤差 e_k の絶対値 $|e_k|$ も変化するが, $|e|$ を越えることはない.

では, オイラー法の離散化誤差の大きさはどの程度であろうか. 次に推定してみよう.

オイラー法の離散化誤差は, (6.14)式を使って

$$e_{k+1} = x(t_{k+1}) - x_{k+1} = x(t_{k+1}) - \{x_k + hf(x_k, t_k)\}$$

であるが, x_k は $x(t_k)$ に等しいとして推定する.

$$e_{k+1} = x(t_{k+1}) - \{x(t_k) + hf(x(t_k), t_k)\}$$

$x(t_{k+1})$ を t_k のまわりにテイラー展開して

$$x(t_{k+1}) = x(t_k) + h\frac{dx(t_k)}{dt_k} + \frac{1}{2}h^2\frac{d^2x(t_k)}{dt_k{}^2} + \cdots \tag{6.21}$$

とし, 微分方程式(6.12)を代入すれば,

$$e_{k+1} = h\left(\frac{dx(t_k)}{dt_k} - f(x(t_k), t_k)\right) + \frac{1}{2}h^2\frac{d}{dt_k}\left(\frac{dx(t_k)}{dt_k}\right) + \cdots$$

$$= \frac{1}{2}h^2\frac{d}{dt_k}f(x(t_k), t_k) + (h について高次の項) \tag{6.22}$$

となる. すなわち, オイラー法の離散化誤差は h^2 の程度(オーダー)である. テイラー展開は一般には無限につづく級数であるが, これを h に比例する項で打ち切ってあとを捨ててしまったために生じた誤差が離散化誤差であるから, 離散化誤差は打切り誤差であるといえる. また, オイラー法は h のオーダーまで正しいことも, (6.21)から分かる. このことから, オイラー法の公式(6.14)を**1次の公式**という.

高次のオイラー法　離散化誤差(打切り誤差)を小さくするには，テイラー展開の高次の項まで含むような公式をつくればよいことが，上の推定からわかる．2 次の公式は，(6.21)から

$$x_{k+1} = x_k + h f(x_k, t_k) + \frac{h^2}{2} \frac{d}{dt_k} f(x_k, t_k) \qquad (6.23)$$

となる．右辺第 3 項の f の t_k による微分は，x は t の関数であることを考慮して，

$$\frac{d}{dt} f(x, t) = \frac{dx}{dt} f_x + f_t = f \cdot f_x + f_t$$

である．f_x は f の第 1 の引数 x についての偏微分，f_t は f の第 2 の引数 t についての偏微分を表わした省略記号で

$$f_x = \frac{\partial f(x, t)}{\partial x}, \qquad f_t = \frac{\partial f(x, t)}{\partial t}$$

のことである．たとえば $f(x, t) = x^2 t$ なら

$$f_x = 2xt, \qquad f_t = x^2$$

である．

　一般に，m 次のオイラー法の公式は，$x(t+h)$ をテイラー展開して，h^m に比例する項

$$\frac{h^m}{m!} \frac{d^m}{dt^m} x = \frac{h^m}{m!} \frac{d^{m-1}}{dt^{m-1}} f(x, t) \qquad (6.24)$$

まで取った公式である．ところが，f の $m-1$ 階微分は $m \geqq 2$ のときには複雑になるため，特別な f の形の場合以外には使われることはない．

　改良オイラー法　(6.12)の微分方程式に対して，ステップ幅 $h/2$ のオイラー法と修正値を組み合わせた

改良オイラー法

$$x_{k+1/2} = x_k + \frac{h}{2} f(x_k, t_k)$$

$$x_{k+1} = x_k + h f\left(x_{k+1/2}, t_k + \frac{h}{2}\right)$$

$$(6.25)$$

を改良オイラー法という．この公式は，すぐ後で示すように，内容的には2次の公式でありながら，f の微分を含まない巧妙な公式である．この公式のグラフ上の意味を，図6-2に示した．

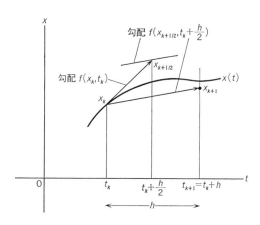

図6-2 改良オイラー法

まず，点 (t_k, x_k) から勾配 $f(x_k, t_k)$ で接線を引き，$t_k+h/2$ における $x_{k+1/2}$ を求める．ついで，この点 $(t_k+h/2, x_{k+1/2})$ での勾配 $f(x_{k+1/2}, t_k+h/2)$ で点 (t_k, x_k) から点 (t_k+h, x_{k+1}) へ直線を引き直す．中間の点の勾配 $f(x_{k+1/2}, t_k+h/2)$ のほうが，端の点の勾配 $f(x_k, t_k)$ よりも正確な勾配になっていることを使っている．

実際にそうであるかどうかは，離散化誤差 e_{k+1} を計算してみればわかる．e_{k+1} は

$$e_{k+1} = x(t_{k+1}) - \left\{ x_k + hf\left(x_{k+1/2}, t_k+\frac{h}{2}\right) \right\} \tag{6.26}$$

である．右辺の各項をテイラー展開して，$t=t_k$ での値で表わそう．ただし式が繁雑になるのをさけるために，添字の k を省略し，t_k を t，x_k を x と書く．また，$f(x_k, t_k)$ を単に f と書き，$f(x(t), t)$ の t による微分を f', f'', f''' などと書くことにする．

テイラー展開は

$$x(t_{k+1}) = x + hf + \frac{h^2}{2}f' + \frac{h^3}{6}f'' + (h \text{ について } 4 \text{ 次以上の項})$$

$$x_{k+1/2} = x + \frac{h}{2}f + \frac{h^2}{8}f' + \frac{h^3}{48}f'' + (h \text{ について } 4 \text{ 次以上の項})$$

$$f\left(x_{k+1/2}, t_k + \frac{h}{2}\right) = f + \frac{h}{2}f' + \frac{h^2}{8}f'' + (h \text{ について } 3 \text{ 次以上の項})$$

となるから，これらを e_{k+1} に代入すると

$$e_{k+1} = \frac{h^3}{24}f'' + (h \text{ について } 4 \text{ 次以上の項}) \tag{6.27}$$

が得られる．すなわち，改良オイラー法の公式(6.25)は h について2次まで正確である．

修正オイラー法と数値的不安定性　これまでは微分 dx/dt を(6.13)式の前進差分で近似することから出発した．前進差分の微分係数に対する誤差はどの程度であろうか．それを推定するために，まず前進差分と微分係数との差をとり，$x = x_k$ でテイラー展開すると，

$$\frac{x_{k+1} - x_k}{h} - \frac{dx}{dt} = \frac{1}{h}\left[h\frac{dx}{dt} + \frac{h^2}{2}\frac{d^2x}{dt^2} + \frac{h^3}{6}\frac{d^3x}{dt^3} + \cdots\right] - \frac{dx}{dt}$$

$$= \frac{h}{2}\frac{d^2x}{dt^2} + \frac{h^2}{6}\frac{d^3x}{dt^3} + \cdots \tag{6.28}$$

となり，h の程度の離散化誤差があることがわかる．これに対し，次のように差分のとり方をかえてみたらどうなるかを考えてみる．すなわち，

$$\left(\frac{dx}{dt}\right)_k \doteqdot \frac{x_{k+1} - x_{k-1}}{2h} \qquad \text{(中心差分)} \tag{6.29}$$

とし，これをテイラー展開する．上式右辺の各項は

$$x_{k+1} = x_k + h\frac{dx}{dt} + \frac{h^2}{2}\frac{d^2x}{dt^2} + \frac{h^3}{6}\frac{d^3x}{dt^3} + \cdots$$

$$x_{k-1} = x_k - h\frac{dx}{dt} + \frac{h^2}{2}\frac{d^2x}{dt^2} - \frac{h^3}{6}\frac{d^3x}{dt^3} + \cdots$$

であるから，この場合の離散化誤差は

$$\frac{x_{k+1} - x_{k-1}}{2h} - \frac{dx}{dt} = \frac{h^2}{6}\frac{d^3x}{dt^3} + \cdots \tag{6.30}$$

となり，h^2 の程度である．こうしたことから，中心差分による微分係数の近似は，これまでのオイラー法よりよさそうである．そこで，中心差分を用いて

$$\frac{x_{k+1}-x_{k-1}}{2h} = f(x_k, t_k) \tag{6.31}$$

とおけば，これから

> **修正オイラー法**
> $$x_{k+1} = x_{k-1} + 2hf(x_k, t_k) \tag{6.32}$$

なる公式が得られる．これを**修正オイラー法**という．この公式のグラフ上の意味を図 6-3 に示す．

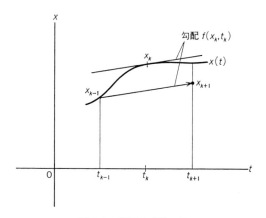

図 6-3　修正オイラー法

この公式の離散化誤差は

$$\begin{aligned} e_{k+1} &= x(t_{k+1}) - \{x_{k-1} + 2hf(x_k, t_k)\} \\ &\doteqdot x_{k+1} - \{x_{k-1} + 2hf(x_k, t_k)\} \\ &= \frac{h^2}{3}\frac{d^3 x}{dt^3} + (h について 3 次以上の項) \end{aligned} \tag{6.33}$$

となり，オイラー法よりよく，改良オイラー法と同程度である．改良オイラー法は $f(x, t)$ の計算を 2 回行なわなければならないが，修正オイラー法は 1 回ですむことも利点の 1 つである．

6-2 オイラー法 —— 149

しかし，修正オイラー法では，x_{k+1} を求めるために，1 つ前の x_k のほかに，2 つ前の x_{k-1} も必要となる．前述の 2 つの公式は，1 つ前の x_k だけあればよかったので，**1段法**とよばれる．これに対し，修正オイラー法は**2段法**である．2 段法の場合，数値計算上の初期条件は x_0 のほかに x_1 も必要となる．x_1 はもとの 1 階の微分方程式では必要のなかった初期条件である．2 段法の公式は x_2 以降に適用され，x_1 は 1 段法の公式を用いて算出することになる．その意味で，x_1 を**出発値**とよぶことがある．

しかしながら，じつは，修正オイラー法の本質的な困難は，もっと別のところにある．一般に，公式を作ったり使用したりするときに絶対に忘れてはならないこととして「数値的不安定性」ということがある．修正オイラー法は，まさにこの困難をもっているのである．次の例を見てみよう．

[**例2**] 修正オイラー法により

$$\frac{dx}{dt} = -x \qquad (ただし，t=0 で x=1) \qquad (6.34)$$

を解く．この問題では，$f(x, t) = -x$ であるから，この場合の修正オイラー法の式は

$$x_{k+1} = x_{k-1} - 2hx_k \qquad (k=1, 2, \cdots, n-1) \qquad (6.35)$$

となる．ただし

$$x_0 = 1$$
$$x_1 = (1-h)x_0 \qquad (オイラー法の公式による)$$

とする．$h=0.05$ としたときの値を計算すると，図 6-4 のようになった．正確な解は e^{-t} である．

x は初期値 1 から e^{-t} と同じように減少していくが，$t=3$ あたりから微小振幅の振動が現われる．t が大きくなると振幅はだんだん大きくなる．$t \gtrsim 3$ の様子は e^{-t} とはまったく異なっている．t が大きくなると，やがてオーバーフローしてしまう．h を小さくとると，振動の現われる t の値は大きくなり発生は遅れるが，いずれ同じような現象が起こってしまう．|

この例にみるような現象を**数値的不安定性**という．不安定性の発生する理由

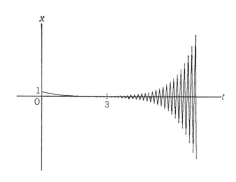

図 6-4 修正オイラー法にみられる数値的不安定性

は，次のような解析で明らかになる．まず(6.35)式を

$$x_{k+1}+2hx_k-x_{k-1}=0 \tag{6.35'}$$

と書き直す．この式を，整数の添字 k の関数 x_k を求める1つの方程式とみなして，**差分方程式**という．方程式は x_{k+1}, x_k, x_{k-1} の1次式であるが，このように1次式の場合は，次のようにうまいやり方がある．すなわち，任意の k に対して，x_k を

$$x_k = \lambda^k \tag{6.36}$$

とおいて，これを差分方程式に代入する．

$$\lambda^{k+1}+2h\lambda^k-\lambda^{k-1}=0$$
$$\therefore \quad \lambda^2+2h\lambda-1=0 \tag{6.37}$$

したがって，

$$\lambda_1 = -h+\sqrt{1+h^2}, \quad \lambda_2 = -h-\sqrt{1+h^2}$$

の2根を得る．この2つの λ を使って，差分方程式の一般解は

$$x_k = c_1\lambda_1{}^k+c_2\lambda_2{}^k \tag{6.38}$$

と書ける．ここに c_1 と c_2 は定数である．実際この x_k を差分方程式に代入してみると，差分方程式を満足していることがわかる：

$$x_{k+1}+2hx_k-x_{k-1}$$
$$= c_1(\lambda_1{}^2+2h\lambda_1-1)\lambda_1{}^{k-1}+c_2(\lambda_2{}^2+2h\lambda_2-1)\lambda_2{}^{k-1}=0$$

定数 c_1 と c_2 は，初期条件と出発値によって決定される：

$$x_0 = c_1 + c_2 = 1$$

$$x_1 = c_1\lambda_1 + c_2\lambda_2 = (1-h)x_0 = 1-h$$

$$\therefore \quad c_1 = \frac{(1-h)-\lambda_2}{\lambda_1-\lambda_2}, \quad c_2 = \frac{\lambda_1-(1-h)}{\lambda_1-\lambda_2} \tag{6.39}$$

ところで，$0<\lambda_1<1$ であるから，解 x_k の第1項 $c_1\lambda_1{}^k$ は k が大きくなると減少していき，e^{-t} と同じふるまいをする．一方，$\lambda_2<-1$ であるから，第2項の $c_2\lambda_2{}^k$ の，絶対値は1ステップごとに $|\lambda_2|$ 倍されて増大し，符号は1ステップごとに逆転する．この第2項が $t\geqq3$ の不安定性の原因となっているのである．また，h が小さいときは，$\lambda_1\doteqdot1-h$ であるために，$c_2\doteqdot0$ であり，h が小さいときには，第2項の影響は k が大きくなってから現われる．

[例3] オイラー法を前例と同じ微分方程式

$$\frac{dx}{dt} = -x$$

に適用したときの安定性を調べてみる．このときのオイラー法の式は

$$x_{k+1} = x_k - hx_k \tag{6.40}$$

となる．これに $x_k=\lambda^k$ を代入すると，$\lambda=1-h$ を得る．安定であるためには，$-1<\lambda<1$ でなければならない．すなわち

$$-1 < 1-h < 1 \tag{6.41}$$

$$\therefore \quad 0 < h < 2$$

したがって，h は正の小さな値であればよい． ▮

修正オイラー法において，ちょうど $c_2=0$ であるときには，理論的には不安定性は現われないはずである．しかし，実際の計算では丸めの誤差があるため，$c_2=0$ でありつづけることは困難である．

このように，<u>公式は不安定性をもっていてはならない</u>ことがわかる．修正オイラー法は，教育的な意味で説明したが，数値的不安定性をもっているので，使用してはならない．

一般に，微分方程式を解く離散化公式は，きざみ幅 h を $h\to0$ としたときに解くべき微分方程式に一致する必要がある．このことは，離散化誤差（打切り

152 ——— **6** 常微分方程式

誤差)が h^p の程度であるとすると，$p>0$ でなければならないことと同じである．$p>0$ の条件を，その公式の**適合条件**という．

公式は適合条件を満たすとともに**安定性条件**を満たさなければならない．安定性条件をみようとする微分方程式の右辺 $f(x, t)$ が，x について1次式以外のときには，安定性条件の吟味は困難であることが多い．$x \fallingdotseq x_0$ の近くでの安定性条件は，

$$\frac{dx}{dt} = f(x, t) \tag{6.12}$$

の右辺の $f(x, t)$ を1次式でおきかえた

$$\frac{dx}{dt} = \alpha x \qquad \left(\alpha = \frac{\partial f}{\partial x}\Big|_{x=x_0}\right) \tag{6.42}$$

について，公式の安定性条件を調べる．たとえば，

$$f(x, t) = x^2$$

のときには，

$$\alpha = 2x_0$$

とおく．このときの安定性条件は，きざみ幅 $h>0$ の大きさに制限を与える．α は x_0 の関数であって，定数ではないから，x_0 があまり変化しないで安定性条件を満たす範囲でその $h=h(x_0)$ を用いる．安定性条件を満たさなくなったときには h を新たに求め直して，積分をつづけるわけである．

‖‖‖‖‖‖‖‖‖‖‖‖‖‖‖‖‖‖‖‖‖‖‖‖‖‖‖‖‖‖‖‖‖‖ **問　題 6-2** ‖‖‖

1. 次の常微分方程式を，オイラー法によって解け．

(1) $\dfrac{dx}{dt} = x$ 　　　　$(x(0)=1,\ 0 \leqq t \leqq 1,\ h=0.1)$

(2) $\dfrac{dx}{dt} = x^2$ 　　　　$(x(0)=1,\ 0 \leqq t \leqq 0.5,\ h=0.05)$

(3) $\dfrac{dx}{dt} = 1+x^2$ 　　　$(x(0)=0,\ 0 \leqq t \leqq 1,\ h=0.1)$

(4) $\dfrac{dx}{dt} = 1+x$ 　　　$(x(0)=0,\ 0 \leqq t \leqq 1,\ h=0.1)$

$$6\text{-}3 \quad \text{ルンゲ・クッタ型公式} \quad\text{------} 153$$

(5) $\dfrac{dx}{dt} = \dfrac{1}{1+x}$ $\quad$ ($x(0)=0,\ 0 \leqq t \leqq 1,\ h=0.1$)

2. 前節の常微分方程式を，改良オイラー法によって解き，オイラー法と精度を比較せよ.

6-3 ルンゲ・クッタ型公式

オイラー法，改良オイラー法は1段法とよばれることを前節で述べた. 1段法には，次のような長所がある.

(1) 初期条件だけあればよく，その他の出発値は不要である.

(2) 安定性条件を満たすようなステップ幅 h が選べる.

(3) 途中でステップ幅 h を変更することができる.（多段法では，h を変更しようとすると，以前の値を計算し直さなければならない.）

一方，短所として，離散化誤差(打切り誤差)が大きいこと，離散化誤差を小さくしようとすると，方程式の右辺 $f(x, t)$ やその導関数の計算の回数がふえがちであることなどがある.

ここでは，1段法でありかつ $f(x, t)$ の導関数の計算を必要としない方法を検討しよう. 1段法で $f(x, t)$ の導関数を必要としない公式を，**ルンゲ・クッタ** (Runge-Kutta)**型公式**という. ルンゲ・クッタ型公式は，一般形として，

$$x_{k+1} = x_k + h\Phi(x_k, t_k ; h) \tag{6.43}$$

の形をしている. オイラー法は，

$$\Phi(x_k, t_k ; h) = f(x_k, t_k) \tag{6.44}$$

と取ったことになっているから，ルンゲ・クッタ型公式の1つである. 改良オイラー法は，

$$\Phi(x_k, t_k ; h) = f\left(x_k + \frac{h}{2} f(x_k, t_k), t_k + \frac{h}{2}\right) \tag{6.45}$$

と取ったことになっているから，これもルンゲ・クッタ型公式の1つである. この2つの公式とも，

154 ——— **6** 常微分方程式

$$\lim_{h \to 0} \Phi(x_k, t_k; h) = f(x_k, t_k) \tag{6.46}$$

である. ルンゲ・クッタ型の公式は, 一般にこの関係が成立している必要がある.

修正オイラー法は2段法であるから, ルンゲ・クッタ型ではない.

2次のルンゲ・クッタ型公式　(6.43)式において,

$$\Phi(x_k, t_k; h) = \alpha k_1 + \beta k_2$$
$$k_1 = f(x_k, t_k), \qquad k_2 = f(x_k + ahk_1, t_k + bh) \tag{6.47}$$
$$(\alpha, \beta, a, b \text{ は定数})$$

とおく. k_2 を h について展開すると,

$$k_2 = f(x_k, t_k) + ahk_1 f_x(x_k, t_k) + bh f_t(x_k, t_k) + O(h^2) \tag{6.48}$$

が得られる. ここで, $f_x = \partial f / \partial x$, $f_t = \partial f / \partial t$ であり, $O(h^2)$ は h について2次の程度の大きさの項であることを表わす. ゆえに(6.43)式は

$$x_{k+1} = x_k + h(\alpha k_1 + \beta k_2)$$
$$= x_k + h(\alpha + \beta) f(x_k, t_k) + h^2 [\beta a f_x f + \beta b f_t] + O(h^3) \tag{6.49}$$

一方, $d^2x/dt^2 = (d/dt)f = f_t + f_x f$ であるから, $x_{k+1} = x(t_k + h)$ として x_{k+1} をテイラー展開して,

$$x_{k+1} = x(t_k + h)$$
$$= x_k + h f(x_k, t_k) + \frac{h^2}{2} [f_x f + f_t] + O(h^3) \tag{6.50}$$

この2つの式の x_{k+1} の h のベキ乗の展開式を比べると,

$$\alpha + \beta = 1, \qquad \beta a = \frac{1}{2}, \qquad \beta b = \frac{1}{2} \tag{6.51}$$

となる. これは α, β, a, b の4つの定数の間の3つの関係式であるから, 4つの定数の中の1つは自由に選べる. 自由に選べる定数を β とすると, α, a, b は β で表わすことができて

$$\alpha = 1 - \beta, \qquad a = \frac{1}{2\beta}, \qquad b = \frac{1}{2\beta} \tag{6.43}$$

である. $\beta = 1$ とすると, $\alpha = 0$, $a = b = 1/2$ と決定できる. このとき(6.43)式は, 改良オイラー法にほかならない. $\beta = 1/2$ と選ぶと,

$$\alpha = \frac{1}{2}, \quad \beta = \frac{1}{2}, \quad a = 1, \quad b = 1 \tag{6.53}$$

となり，次の手順が得られる．

> **ホインの2次公式**
> $$x_{k+1}^{(0)} = x_k + hf(x_k, t_k)$$
> $$x_{k+1}^{(1)} = x_k + hf(x_{k+1}^{(0)}, t_k + h) \tag{6.54}$$
> $$x_{k+1} = \frac{1}{2}(x_{k+1}^{(0)} + x_{k+1}^{(1)})$$

この公式をホイン(Heun)の**2次公式**と呼んでいる．そのグラフ上の意味を，図6-5に示す．まず，点(t_k, x_k)から勾配$f(x_k, t_k)$で直線を引いて$x_{k+1}^{(0)}$を求め(オイラー法であるからh^2の程度の離散化誤差がある)，次に$(t_k+h, x_{k+1}^{(0)})$の点の勾配$f(x_{k+1}^{(0)}, t_k+h)$でもういちど直線を引き直して$x_{k+1}^{(1)}$を求め(これもじつはh^2の程度の離散化誤差がある)，2つのt_k+hにおけるxの値の平均値をとってx_{k+1}を求める．こうして得たx_{k+1}は，h^3の程度の離散化誤差になっているというわけである．

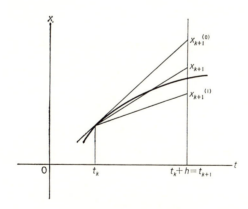

図6-5　ホインの2次公式

βの他の選び方で，2次のルンゲ・クッタ型公式はいくつでもできるが，改良オイラー法とホイン法より，とくに優れていることもないし，わかりにくい．

2次のルンゲ・クッタ型公式は，$f(x,t)$を2回計算して，h^2の程度の範囲で

156 —— **6** 常微分方程式

精確な x_{k+1} を求めている.

3次のルンゲ・クッタ型公式 (6.43)式において,

$$\Phi(x_k, t_k; h) = \alpha k_1 + \beta k_2 + \gamma k_3$$
$$k_1 = f(x_k, t_k), \quad k_2 = f(x_k + ahk_1, t_k + bh) \qquad (6.55)$$
$$k_3 = f(x_k + chk_1 + dhk_2, t_k + eh)$$

とおいて, 離散化誤差を $O(h^4)$ となるように $\alpha, \beta, \gamma, a, b, c, d, e$ を選べば, 3次の公式が得られる. この場合にも任意に選べる定数があるので, いろいろな公式が可能である. クッタ(Kutta)の公式

> **クッタの公式**
>
> $$x_{k+1} = x_k + \frac{1}{6}h(k_1 + 4k_2 + k_3)$$
> $$k_1 = f(x_k, t_k), \quad k_2 = f(x_k + hk_1/2, t_k + h/2) \qquad (6.56)$$
> $$k_3 = f(x_k - hk_1 + 2hk_2, t_k + h)$$

は, その中の1つである. もう1つの公式に, ホインの3次公式

> **ホインの3次公式**
>
> $$x_{k+1} = x_k + \frac{1}{4}h(k_1 + 3k_3)$$
> $$k_1 = f(x_k, t_k), \quad k_2 = f(x_k + hk_1/3, t_k + h/3) \qquad (6.57)$$
> $$k_3 = f(x_k + (2/3)hk_2, t_k + (2/3)h)$$

がある.

ルンゲ・クッタの公式 4次のルンゲ・クッタ型公式もたくさんある. その中で

> **ルンゲ・クッタの公式**
>
> $$x_{k+1} = x_k + \frac{1}{6}h(k_1 + 2k_2 + 2k_3 + k_4)$$
> $$k_1 = f(x_k, t_k)$$
> $$k_2 = f(x_k + hk_1/2, t_k + h/2) \qquad (6.58)$$

$$k_3 = f(x_k+hk_2/2, t_k+h/2)$$
$$k_4 = f(x_k+hk_3, t_k+h)$$

はルンゲ・クッタの公式とよばれているこの型の代表的な公式である．この公式の特徴は，独立変数 t の値が，t_k, $t_k+h/2$, $t_k+h/2$, t_k+h と単調に増加していることである．したがって，変数 t に t＝t_k と入れたら，t＝t＋h/2, t＝t＋h/2 と 2 回代入文を繰り返して t を増加させれば，手順の終了時には，t＝t_{k+1} になっている．このことは，公式 (6.58) を PAD で表わした図 6-6 の t の値の変化を見ればわかる．未知関数 x の値も，x_k (t＝t_k の値) から始まって

(手順)

k_1 を求めて　　$x_k+\dfrac{1}{6}hk_1$　　　　　　　　　　　　　x＝x＋$\dfrac{1}{6}$k

k_2 を求めて　　$x_k+\dfrac{1}{6}hk_1+\dfrac{1}{3}hk_2$　　　　　　　　　x＝x＋$\dfrac{1}{3}$k

k_3 を求めて　　$x_k+\dfrac{1}{6}hk_1+\dfrac{1}{3}hk_2+\dfrac{1}{3}hk_3$　　　　　x＝x＋$\dfrac{1}{3}$k

k_4 を求めて　　$x_k+\dfrac{1}{6}hk_1+\dfrac{1}{3}hk_2+\dfrac{1}{3}hk_3+\dfrac{1}{6}hk_4$　　x＝x＋$\dfrac{1}{6}$k

のように x の値をふやしていくと，最後に得られた x は x_{k+1} になっている．

この公式のうまみは，x を 4 回変化させているときに用いられる k_1, k_2, k_3, k_4

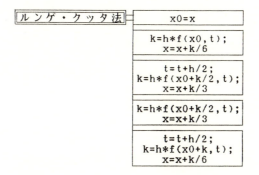

図 6-6　ルンゲ・クッタの公式による常微分方程式の数値解法の手順の PAD

158 ─── **6** 常微分方程式

は，x を変化させて次の $f(x, t)$ を求めれば用ずみになるので，それぞれに変数を割りあてておくことはないことにある．(図 6-6 の PAD では，k_1, k_2, k_3, k_4 は 1 つの k ですませていることに注意．) 公式をただ機械的に読み取って手順をつくるだけでは，この公式のもっている特徴を活かしきれない．記憶の節約は大型の連立常微分方程式を解くときに大きな効果をもっている．公式 (6.58) と図 6-6 の PAD とを照合して，この公式のうまみを味わってもらいたい．

図 6-6 の PAD を見ると気がつくもうひとつのことは，x_k から x_{k+1} に進む途中で，x_k の値(x0 に記憶)が 4 回使われていて，x が変化している間にも x_k の値を捨ててしまうわけにはいかないことである．この公式のちょっとした欠点といえるであろう．この欠点を除いたのが，次のルンゲ・クッタ・ジルの公式である．

ルンゲ・クッタ・ジルの公式　4 次のルンゲ・クッタ型公式の 1 つである次の公式はルンゲ・クッタ・ジル (Gill)の公式として有名である．

ルンゲ・クッタ・ジルの公式

$$x_{k+1} = x_k + \frac{1}{6} h k_1 + \frac{1}{3}\left(1 - \frac{1}{\sqrt{2}}\right) h k_2 + \frac{1}{3}\left(1 + \frac{1}{\sqrt{2}}\right) h k_3 + \frac{1}{6} h k_4$$

$$k_1 = f(x_k, t_k)$$

$$k_2 = f\left(x_k + \frac{1}{2} h k_1, t_k + \frac{1}{2} h\right)$$

$$k_3 = f\left(x_k + \left(\frac{1}{\sqrt{2}} - \frac{1}{2}\right) h k_1 + \left(1 - \frac{1}{\sqrt{2}}\right) h k_2, t_k + \frac{1}{2} h\right)$$

$$k_4 = f\left(x_k - \frac{1}{\sqrt{2}} h k_2 + \left(1 + \frac{1}{\sqrt{2}}\right) h k_3, t_k + h\right)$$

(6.59)

$\sqrt{2}$ という無理数を含む一見複雑なこの公式の特徴は，ルンゲ・クッタの公式の PAD(図 6-6)にある x0 のような変数を必要とせず，記憶容量の節約が可能なことと，丸めの誤差の集積を小さくすることが可能なことである．記憶容量の節約は，(6.59)式の 3 つの下線部分を 3 つとも全部記憶しないですむことに

よる. それは

$$(\text{第1下線部}) \times \left(3+\frac{3}{\sqrt{2}}\right) + (\text{第2下線部}) \times \left(-2-\frac{3}{\sqrt{2}}\right) = (\text{第3下線部}) \tag{6.60}$$

の関係によって，記憶量を1つへらすことができるからである.

丸めの誤差の集積をさけるには，(6.59)式を単純にプログラム化したのでは効果はなくて，図6-7のPADのように，一見相当に異なったように組み立てることが必要である. PADの手順が1回終了すると，tはt_kから$t_{k+1}=t_k+h$へ，xはx_kからx_{k+1}へ，1ステップ進む. PADの変数qは，|x|≫|k|のときxに加え込まれずに積み残された小さな数値(丸めの誤差)をためこんで，qが大きくなったときにxに足しこむための変数である. 初期条件としてはq=0としておき，以後は前のステップの値をひきついでいく. $f(x,t)$の計算のために，x_kの値を保存しないことに注意しよう.

c1=1-1/$\sqrt{2}$ と c2=1+1/$\sqrt{2}$ は，最初のステップの前に1回だけ求める

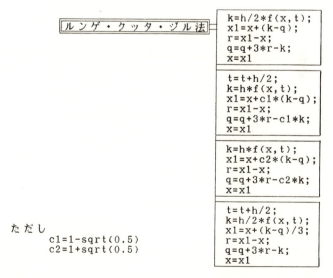

図6-7 ルンゲ・クッタ・ジルの公式による常微分方程式の数値解法の手順のPAD

160 ——— **6** 常微分方程式

か，あるいは FORTRAN ならば DATA 文で値を与えるかしておくと，毎ステップ求めるより計算量の節約になる．

連立常微分方程式　本章の最初に述べたように，2階以上の単独常微分方程式は，2つ以上の連立の1階常微分方程式で表わせる．また，もともと連立である常微分方程式も多い．これまで簡単のために単独の方程式について考えてきたが，単独を連立に拡張するのは容易である．ここでは，連立常微分方程式をルンゲ・クッタ・ジル法で解くように，図 6-7 の PAD を拡張することを考えよう．

拡張する前に，図 6-7 の PAD の4つの段階が同じような計算から成り立っていることに注意して，一般的な1つの段階の4回の繰り返しにまとめることを考えよう．そのほうがプログラムの間違いが少なくなるからである．まず，独立変数 t が，それぞれの段階で

$$t, \quad t+h/2, \quad t, \quad t+h/2$$

と第2と第4の段階でのみ 0.5h だけ変化していることに注意して，配列 ct をつくり，

$$ct(1)=0, \ ct(2)=0.5, \ ct(3)=0, \ ct(4)=0.5$$

とする．そうすると，第 j 段階の t の変化は

$$t=t+ct(j)*h \tag{6.61}$$

と書けて，1つの形式にまとめ上げられる．同様に，k の値は

$$k=h/2*f(x,t), \ k=h*f(x,t), \ k=h*f(x,t), \ k=h/2*f(x,t)$$

であるから，配列 ck を

$$ck(1)=0.5, \ ck(2)=1, \ ck(3)=0.5, \ ck(4)=1$$

とすれば，第 j 段階の k は

$$k=ck(j)*h*f(x,t) \tag{6.62}$$

とまとめて書ける．同様に，x1 の計算については配列 cx を，q の計算のためには cq なる配列を用意して，それぞれに値を与えると，4つの段階は1つにまとめられる．

次に，従属(未知)関数が n 個ある n 元連立常微分方程式に拡張するためには，

1つの未知関数 x を n 個の未知関数 $x_1, x_2, \cdots, x_n$ にとる．PAD やプログラムでは，配列 x(1),x(2),$\cdots$,x(n) とする．

さて，解くべき方程式は n 個の連立方程式

$$\frac{dx_i}{dt} = f_i(x_1, x_2, \cdots, x_n, t) \quad (i = 1, 2, \cdots, n) \tag{6.63}$$

となるから，右辺 $f_1, f_2, \cdots, f_n$ の値は，配列 f の f(1),f(2),$\cdots$,f(n) に計算しておくことにする．この f(i)(i=1,2,$\cdots$,n) を求めるには，単独の場合のように関数副プログラムで行なうよりは，サブルーチン副プログラム rhs(right hand side——右辺)で n 個とも一挙に計算したほうがよい．

丸めの誤差の処理のための変数 q は，それぞれの未知関数 $x_1, x_2, \cdots, x_n$ について必要だから，これも $q_1, q_2, \cdots, q_n$ とし，配列 q(1),q(2),$\cdots$,q(n) を用意する．q(i) は最初だけ q(i)=0 とし，以後は前のステップで計算した値を受けついでいく．最初であることをコンピュータに教えるには，論理スイッチ変数 lsw(logical switch)をオン(FORTRAN では lsw=.true.)にしておけばよい．

こうして，図 6-8 の PAD ができ上がる．x(i) と q(i) が求まったら，k，

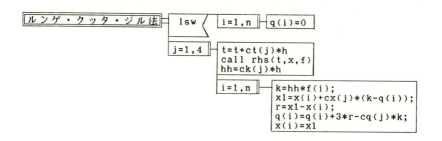

図 6-8　ルンゲ・クッタ・ジルの公式による連立常微分方程式の数値解法の手順の PAD

162 ——— **6** 常微分方程式

x,r は次の x(i+1),q(i+1) の計算のときには新しく求め直すのだから，配列は必要ない．PAD から FORTRAN プログラムに直すのは容易である．付録 6.1 には，図 6-8 の PAD をプログラム化したものが掲げてある．PAD の手順は，すべてサブルーチン副プログラム RKG で行なわれている．

[**例 4**] 付録 6.1 のプログラムでは，次のような 2 元連立常微分方程式を解いている．（他の問題を解くには，主プログラムとサブルーチン RHS を変えればよい．）

$$\frac{dx_1}{dt} = -\frac{\alpha+\beta}{2} x_1 - \frac{\alpha-\beta}{2} x_2$$

$$\frac{dx_2}{dt} = -\frac{\alpha-\beta}{2} x_1 - \frac{\alpha+\beta}{2} x_2 \qquad (6.64)$$

$$t = 0 \quad で \quad x_1 = 1, \ x_2 = 0$$

ただし，$\alpha = 10^2$, $\beta = 10^{-1}$ である（$\alpha \gg \beta$）．この厳密解は

$$x_1 = \frac{1}{2}(e^{-\alpha t} + e^{-\beta t}), \qquad x_2 = \frac{1}{2}(e^{-\alpha t} - e^{-\beta t}) \qquad (6.65)$$

であることは，方程式に代入してみればわかる．

数値計算の結果は次のとおりである．$h = 10^{-2}$ とし，$t = 0$ から $t = 10^3 h$ までの 1000 ステップを計算したが，ここでは 100 ステップごとの値だけ示す．誤差とあるのは，厳密解（コンピュータで上記の厳密解を計算した数値）との差である．誤差の大きさは，コンピュータや FORTRAN の種類によるが，10^{-14} や

t	x_1	誤　差	x_2	誤　差
0.000	1.0000000D+00	0.0000000D+00	0.0000000D+00	0.0000000D+00
1.000	4.5241871D−01	2.8865799D−15	−4.5241871D−01	−2.8865799D−15
2.000	4.0936538D−01	4.2188475D−15	−4.0936538D−01	−4.2188475D−15
3.000	3.7040911D−01	5.3290705D−15	−3.7040911D−01	−5.3290705D−15
4.000	3.3516002D−01	6.2727601D−15	−3.3516002D−01	−6.2727601D−15
5.000	3.0326533D−01	6.8833828D−15	−3.0326533D−01	−6.8833828D−15
6.000	2.7440582D−01	7.3274720D−15	−2.7440582D−01	−7.3274720D−15
7.000	2.4829265D−01	7.6882944D−15	−2.4829265D−01	−7.6882944D−15
8.000	2.2466448D−01	7.8548279D−15	−2.2466448D−01	−7.8548279D−15
9.000	2.0328483D−01	1.1601831D−14	−2.0328483D−01	−1.1574075D−14
10.000	1.8393972D−01	1.4488410D−14	−1.8393972D−01	−1.4516166D−14

6-3 ルンゲ・クッタ型公式 —— 163

10^{-15} は倍精度計算(64 ビット計算)のぎりぎりまで正しいと判断できる.

単精度計算(32 ビット計算)で同じ問題を解いてみると,$10^{-5} \sim 10^{-7}$ 程度の誤差が得られる. ▮

[例 5]　例 4 で,$h = 0.02$ として,$t = 0$ から $t = 500h$ まで計算し,きざみ幅 h によって誤差がどう変化するかを試してみる. また,$h = 0.04$ の場合はどうなるか.

結果は次のとおりである.

(1)　$h = 0.02$ のとき

t	x_1	誤　差	x_2	誤　差
0.000	1.0000000D+00	0.0000000D+00	0.0000000D+00	0.0000000D+00
1.000	4.5241871D−01	8.4932061D−15	−4.5241871D−01	−8.4932061D−15
2.000	4.0936538D−01	1.5432100D−14	−4.0936538D−01	−1.5376589D−14
3.000	3.7040911D−01	1.9984014D−14	−3.7040911D−01	−1.9984014D−14
4.000	3.3516002D−01	2.3703262D−14	−3.3516002D−01	−2.3703262D−14
5.000	3.0326533D−01	2.6534330D−14	−3.0326533D−01	−2.6423308D−14
6.000	2.7440582D−01	2.8532732D−14	−2.7440582D−01	−2.8532732D−14
7.000	2.4829265D−01	2.9948266D−14	−2.4829265D−01	−2.9948266D−14
8.000	2.2466448D−01	3.0864200D−14	−2.2466448D−01	−3.0864200D−14
9.000	2.0328483D−01	3.1336045D−14	−2.0328483D−01	−3.1336045D−14
10.000	1.8393972D−01	3.1419312D−14	−1.8393972D−01	−3.1419312D−14

結果はほとんど $h = 0.01$ のときと同じで,誤差も若干大きくなった程度である.

(2)　$h = 0.04$ のとき

t	x_1	誤　差	x_2	誤　差
0.000	1.0000000D+00	0.0000000D+00	0.0000000D+00	0.0000000D+00
1.000	1.4901161D+17	1.4901161D+17	1.4901161D+17	1.4901161D+17
2.000	4.4408921D+34	4.4408921D+34	4.4408921D+34	4.4408921D+34
3.000	1.3234890D+52	1.3234890D+52	1.3234890D+52	1.3234890D+52
4.000	3.9443045D+69	3.9443045D+69	3.9443045D+69	3.9443045D+69
4.320	オーバーフロー	—	オーバーフロー	—

結果は全くデタラメであり,$t = 4.320$ でオーバーフローが起こった. ▮

一般に,解が $e^{-\alpha t}$ あるいは $e^{-\beta t}$ のように変化するとき,h は,

$$\alpha h \lesssim 1, \quad \beta h \lesssim 1 \tag{6.67}$$

を満たすように与えないと,ルンゲ・クッタ型公式ではオーバーフローを起こ

164 ——— **6** 常微分方程式

す．h をあらかじめ決めにくい問題では，オーバーフローが起こったら，h を小さくしてやる必要がある．

　上の問題のように，$\alpha \gg \beta$ であるときには，h は $\alpha h \leqq 1$ できまり，$\beta h \leqq 1$ からきまる h よりはるかに小さい h が必要である．$\alpha/\beta \gg 1$ のようなとき，この方程式は**固い** (stiff) といわれ，$e^{-\beta t}$ のようにゆっくり変化する項に比べて，h を小さくしなければならないという意味で数値計算がむつかしい．

|||||||||||||||||||||||||||||||||||||||||||||||||||||| 問　題 6-3 ||||||||||||||||||||||||||||||||||||||||||||||||||||||||||||

　1. 次の常微分方程式を，ホインの 2 次公式によって解け．また，得られた結果を，問題 6-2 の問 1，問 2 と比較せよ．

　　(1) $\dfrac{dx}{dt} = x$　　　　　$(x(0)=1,\ 0 \leqq t \leqq 1,\ h=0.1)$

　　(2) $\dfrac{dx}{dt} = x^2$　　　　$(x(0)=1,\ 0 \leqq t \leqq 0.5,\ h=0.05)$

　　(3) $\dfrac{dx}{dt} = 1+x^2$　　$(x(0)=0,\ 0 \leqq t \leqq 1,\ h=0.1)$

　　(4) $\dfrac{dx}{dt} = 1+x$　　　$(x(0)=0,\ 0 \leqq t \leqq 1,\ h=0.1)$

　　(5) $\dfrac{dx}{dt} = \dfrac{1}{1+x}$　　$(x(0)=0,\ 0 \leqq t \leqq 1,\ h=0.1)$

　2. ホインの 2 次公式を用いて，次の微分方程式を解け．絶対誤差の大きさを 10^{-5} 以下にするためには，h をどのくらいにすべきか．

　　(1) $\dfrac{dx}{dt} = t+x$　　　　　　$(x(0)=1,\ 0 \leqq t \leqq 1)$

　　(2) $\dfrac{d^2x}{dt^2} = -x$　　　　　$(x(0)=0,\ 0 \leqq t \leqq 2\pi)$

　　(3) $\dfrac{dx}{dt} = y,\ \dfrac{dy}{dt} = -x$　　$(x(0)=1,\ y(0)=0,\ 0 \leqq t \leqq 2\pi)$

　3. ルンゲ・クッタ・ジルの公式を用いて微分方程式を解くプログラムをつくり，本書の付録 6.1 のプログラムと比較せよ．コンピュータが使えるならば，そのプログラムで，前の 2 つの問の微分方程式を解いてみよ．

||||||||||||||||||||||||||||||||||||||||||||||||||||||||||||||||||||||||||||||||||||||||||||||||||||||||||||||||||||||||||||

第6章演習問題

[1] 次の連立常微分方程式をオイラー法とルンゲ・クッタ・ジル法で解け．

$$\frac{dx}{dt} = y, \quad \frac{dy}{dt} = x \quad (0 \leq t \leq 1)$$

ただし $x(0)=0$, $y(0)=1$

[2] 次の連立常微分方程式をルンゲ・クッタ・ジル法で解け．

$$\frac{dx}{dt} = \frac{1}{y}, \quad \frac{dy}{dt} = -\frac{1}{x} \quad (0 \leq t \leq 1)$$

ただし $x(0)=y(0)=1$

[3] 次の2階常微分方程式をルンゲ・クッタ・ジル法で解け．

$$\frac{d^2x}{dt^2} + 2\frac{dx}{dt} + 2x = 0 \quad (0 \leq t \leq 2\pi)$$

ただし $x(0)=1$, $dx(0)/dt=-1$

[4] 次の連立常微分方程式をルンゲ・クッタ・ジル法で解け．

$$\frac{dx}{dt} = y, \quad \frac{dy}{dt} = t-x \quad (0 \leq t \leq 2\pi)$$

ただし $x(0)=0$, $y(0)=-0.125$

リチャードソンの夢

　イギリスの気象学者リチャードソンは，気象の物理現象を記述する偏微分方程式を数値的に解き，数値予報することを企てた．そして1910年5月20日の6時間後の天気を予測するのに，計算尺や手動計算機を用い2年という年月をついやした．その結果は6時間後の気圧変動が145 mbという非現実的な値に終わった．観測データの不足，解いた方程式の不備，数値計算法の未発達，そして高速大容量の計算機の出現前の時期という悪条件が重なったためであろうが，数値予報あるいは自然現象の数学的モデルによるシミュレーション（模擬実験）の先駆者という名誉が彼に与えられている．

後に彼は「数値的方法による天気予報」という書物をあらわし，24時間後の予報を手動計算機によって12時間以内に行なう方法を述べている．間隔約200 km，鉛直方向4層の空間格子で地表をおおい，各格子点における気象現象の変化を刻々計算する．計算のために6万4000人の計算手がそれぞれ定められた地域の気象を隣りの人とデータをやり取りしながら計算を進める．この人々を円形の劇場に集め，中央の一段と高い柱の上にオーケストラの指揮者のように地球全体の計算の進みをコントロールする責任者がいる．計算が進みすぎたり遅れたりするのを責任者は見守っている．進みすぎている計算手にはバラ色の光を投じ，遅れている計算手には青色の光を投ずる．……これがリチャードソンの夢である．

リチャードソンの夢は，今日いよいよ現実となりつつある．それは数学モデルの精密化，数値計算法の発達，人工衛星による観測をふくむ観測データの整備，それにスーパーコンピュータ（科学技術計算用電子計算機）の進歩による．

現在稼働しているスーパーコンピュータは速度がギガフロップス（giga flops）単位で計られている．1 giga flops とは1秒間に倍精度実数演算を10億回行なう速度である（giga floating operations per second，すなわち1秒間に 10^9 回の浮動小数点演算）．主記憶容量もギガバイト（giga bytes＝10^9 バイト，1バイト＝8ビット）単位で計られ始めている．リチャードソンが生きていたらどんなに喜んだであろうか．

さらに勉強するために

　本書においては，数値計算の基礎を，できるだけわかりやすく解説した．そのために厳密な証明ははぶき，例や例題によって理解できるようにした．また，高級な数値計算法や，行列の固有値問題の解法などの，予備知識を必要とする課題もはぶいた．ここでは，本書を読み終えた読者が，もっとくわしく知りたいとき，また高級な方法や，本書でまだ学んでいない課題を解く方法を知りたいときに読むとよい本を示すことにする．

　まず数値計算全般については次をあげよう．

[1]　ラルストン・ラビノヴィッツ：『数値解析の理論と応用』(上・下)（戸田英雄・小野令美訳），ブレイン図書出版発行・丸善発売(1986)

[2]　山本哲朗：『数値解析入門』，サイエンス社(1987)

[3]　一松信：『数値解析』，朝倉書店(1982)

[4]　永坂秀子：『計算機と数値解析』，朝倉書店(1980)

このうち[1]は広範囲の課題を網羅してある．[2]は基本的な定理を中心に簡潔にまとめてあり，問題の中には実用上重要なものがある．[3]は最近の手法にも言及してある．[4]はとくに丸めの誤差についてくわしい．

　本書第2章の手順（アルゴリズム）については，PAD の創始者である次の2人の著書を推薦する．

168 ——— さらに勉強するために

[5]　川合敏雄：『PAD プログラミング』，岩波書店(1985)

[6]　二村良彦：『プログラム技法』，オーム社(1987)

次の 2 つは，興味あるアルゴリズムを，ハンドブックの形で収録してある.

[7]　奥村晴彦：『コンピュータ・アルゴリズム事典』，技術評論社(1987)

[8]　ゴネット：『アルゴリズムとデータ構造ハンドブック』（玄光男・荒実・松本直文共訳），啓学出版(1987)

　本書第 3 章の非線形方程式の解法のニュートン法については，[1]から[4]にある. 実数の非線形方程式は，とくに[4]にくわしい. [3]には代数方程式の複素解を求める方法(DKA 法という)について記されている.

　本書第 4 章の連立 1 次方程式の数値解法をふくむ線形代数の数値計算は，[1]から[4]のどの書物にも解説がある. とくに線形代数の数値計算についてくわしい参考書には

[9]　戸川隼人：『マトリクスの数値計算』，オーム社(1971)

[10]　戸川隼人：『共役勾配法』，教育出版(1977)

[11]　村田健郎・小国力・唐木幸比古：『スーパーコンピュータ——科学技術計算への適用』，丸善(1985)

がある. [9]は内容は新しいが古典的名著として知られている. [10]は本書では述べなかった連立 1 次方程式の数値解法の 1 つである共役勾配法をいろいろな観点から分析している. [11]は超大型の問題を高速に解くときに考慮すべき問題点を中心に，いろいろな数値解法が述べられている.

　第 5 章の数値積分法として，最近注目されている公式の 1 つに，2 重指数関数形数値積分公式(DE 公式)があり，この方法の提唱者が著した

[12]　森正武：『FORTRAN 77 数値計算プログラミング』，岩波書店(1986)

には，数値積分，連立 1 次方程式，行列の固有値問題などの FORTRAN プログラムの具体例が掲載されている.

　第 6 章の常微分方程式の数値解法に関しては

[13]　三井斌友：『数値解析入門』，朝倉書店(1985)

が最近の数値解法の動向を含めて解説している.

さらに勉強するために ——— 169

　数値計算の方法はコンピュータの発達と共に日進月歩である．新しい方法が次つぎと発見されていく一方では，過去にはあまり顧みられなかった方法も，新しいコンピュータではかえって推賞されることもよくある．数値計算の勉強を進めるには，基本的な事項をきちんとマスターして，目的とする問題のベストの解決法を見いだすように心がけることが必要である．

問題略解

問題略解

第 1 章

問題 1-1

1. 2 進数

   (1) 0_2 (2) 100_2 (3) 111_2 (4) 1000_2 (5) 10000_2

   (6) 0.01_2 (7) 0.101_2 (8) 0.0001_2 (9) 1.0001_2 (10) 10000.001_2

16 進数

   (1) 0_{16} (2) 4_{16} (3) 7_{16} (4) 8_{16} (5) 10_{16}

   (6) 0.4_{16} (7) $0.A_{16}$ (8) 0.1_{16} (9) 1.1_{16} (10) 10.2_{16}

2. (1) 579_{16} (2) 616_{16} (3) 931.10_{16} (4) 122_{16} (5) $67.F0_{16}$

問題 1-2

1. (1) 絶対誤差 0.2,   相対誤差 -7.69×10^{-3}

     (2) 絶対誤差 2.14×10^{-4},   相対誤差 -1.51×10^{-4}

     (3) 絶対誤差 8.91×10^{-29} g, 相対誤差 9.78×10^{-2}

     (4) 絶対誤差 7.35×10^{-6},   相対誤差 2.34×10^{-6}

     (5) 絶対誤差 2.82×10^{-4},   相対誤差 -1.04×10^{-4}

2. 面積 S の誤差を $\varDelta S$, 半径 r の誤差を $\varDelta r$ とする. $S = \pi r^2$ より $\varDelta S = 2\pi r \varDelta r$ である. S の相対誤差 $\varDelta S/S$ と r の相対誤差 $\varDelta r/r$ の関係は, $\varDelta r/r = 0.5(\varDelta S/S) = 0.5 \cdot 10^{-2}$. ゆえに半径の相対誤差は 0.5% 以下でなければならない.

172 ——— 問 題 略 解

問題 1-3

1. (1) 0   (2) 0   (3) 0.00003   (4) 0.475   (5) 0.0035

2. (1) $1/11! = 2.51 \times 10^{-8}$ (2) $1/10! = 2.76 \times 10^{-7}$

第1章演習問題

[1] (1) $1 \times 2^1 + 0 \times 2^0 = 2$ (2) $1 \times 2^3 + 0 \times 2^2 + 1 \times 2^1 + 0 \times 2^0 = 10$ (3) $1 \times 2^{-1} = 0.5$ (4) $1 \times 2^{-1} + 1 \times 2^{-2} = 0.75$ (5) $1 \times 2^2 + 0 \times 2^1 + 1 \times 2^0 + 1 \times 2^{-1} + 0 \times 2^{-2} + 1 \times 2^{-3} = 5.625$

[2] 小数点以上は2で割ったあまりを書き並べ，小数点以下は2倍して得た整数部分を書き並べる.

(1) $10 \div 2 = 5$ あまり 0

   $5 \div 2 = 2$ あまり 1

   $2 \div 2 = 1$ あまり 0

   $1 \div 2 = 0$ あまり 1   ∴ $10 = 1010_2$

(2) $0.5 \times 2 = 1$ ∴ $0.5 = 0.1_2$

(3) $0.125 \times 2 = 0 + 0.25$

   $0.25 \times 2 = 0 + 0.5$

   $0.5 \times 2 = 1 + 0$ ∴ $0.125 = 0.001_2$

(4) $3 \div 2 = 1$ あまり 1

   $1 \div 2 = 0$ あまり 1

   $0.5625 \times 2 = 1 + 0.125$

   $0.125 \times 2 = 0 + 0.25$

   $0.25 \times 2 = 0 + 0.5$

   $0.5 \times 2 = 1 + 0$ ∴ $3.5625 = 11.1001_2$

(5) $0.1 \times 2 = 0 + 0.2$

   $0.2 \times 2 = 0 + 0.4$

   $0.4 \times 2 = 0 + 0.8$

   $0.8 \times 2 = 1 + 0.6$

   $0.6 \times 2 = 1 + 0.2$

   $0.2 \times 2 = 0 + 0.4$

   $0.4 \times 2 = 0 + 0.8$

問 題 略 解 ——— 173

$$0.8 \times 2 = 1 + 0.6$$

………　　　　　　　∴　$3.1 = 11.00011001100\cdots_2$

[3]　小数点以上は 16 で割ったあまりを書き並べ，小数点以下は 16 倍して得た整数部分を書き並べる．

(1)　$123 \div 16 = 7$　あまり　$11 = B_{16}$

　　　$7 \div 16 = 0$　あまり　7　　　∴　$123 = 7B_{16}$

(2)　$256 \div 16 = 16$　あまり　0

　　　$16 \div 16 = 1$　あまり　0

　　　$1 \div 16 = 0$　あまり　1　　　∴　$256 = 100_{16}$

(3)　$0.125 \times 16 = 2 + 0$　　　　∴　$1.125 = 1.2_{16}$

(4)　$0.25 \times 16 = 4 + 0$　　　　∴　$12.25 = C.4_{16}$

(5)　$0.1 \times 16 = 1 + 0.6$

　　　$0.6 \times 16 = 9 + 0.6$

　　　$0.6 \times 16 = 9 + 0.6$

　　　………　　　　　　∴　$3.1 = 3.1999\cdots_{16}$

[4]　(1)　$0.2 = 0.333333_{16}$　　(2)　$0.1 = 0.199999_{16}$　　(3)　$1.125 = 1.200000_{16}$

　　　　　$0.1 = 0.199999_{16}$　　　　　$0.1 = 0.199999_{16}$　　　　　$12.25 = C.400000_{16}$

　　　∴　$0.19999A_{16}$　　　　∴　0.333332_{16}　　　　∴　$D.600000_{16}$

第 2 章

問題 2-1

1.　$a \geqq b$ のとき $x = a$，$a < b$ のとき $x = b$．

　　[別解]　$x = \max(a, b)$

問題 2-2

1.　　　　　EPS=1.0

　　　L　　IF(EPS.GT.1.0D-10)THEN

　　　　　　　　文 1

　　　　　　　　文 2

　　　　　　　　……

174 —— 問題略解

```
              GO TO L
          END IF
2.        I=M1
      100 IF(I.LE.M2)THEN
              文1
              文2
              ……
              I=I+1
              GO TO 100
          END IF
```

問題 2-3

1. 3数 a, b, c の最大公約数を求める手順の PAD

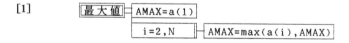

2. 4数 a, b, c, d の最大公約数を求める手順の PAD

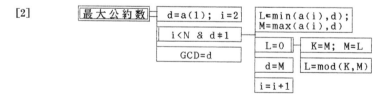

第2章演習問題

[1]

[2]

[3]

問 題 略 解 —— 175

第 3 章

問題 3-1

1. 有効数字 10 桁で計算すると次のようになる.

$$x_0 = 2$$

$$x_1 = \frac{1}{2}\left(x_0 + \frac{3}{x_0}\right) = 1.75$$

$$x_2 = \frac{1}{2}\left(x_1 + \frac{3}{x_1}\right) = 1.732142857$$

$$x_3 = \frac{1}{2}\left(x_2 + \frac{3}{x_2}\right) = 1.732050810$$

$$x_4 = \frac{1}{2}\left(x_3 + \frac{3}{x_3}\right) = 1.732050808$$

$$x_5 = \frac{1}{2}\left(x_4 + \frac{3}{x_4}\right) = 1.732050808 = x_4 \doteqdot \sqrt{3}$$

2. $-\sqrt{3} = -1.7320508\cdots$ に収束する.

問題 3-2

1. 省略.

2. $x_0 = 0.1$

$x_1 = 0.0285714286$

$x_2 = 0.0015037594$

$x_3 = 0.0000045023$

$x_4 = 0.0000000000$

解 $\alpha = 0$ は単根で 2 乗収束する.実際の数値計算においても 2 乗収束していることが分かる.

3. 小数点以下 6 桁まで示す.

$x_0 = 1.1$	$x_0 = 0.9$	$x_0 = 0.3$
$x_1 = 1.012167$	$x_1 = 1.019580$	$x_1 = -0.073973$
$x_2 = 1.000216$	$x_2 = 1.000550$	$x_2 = 0.000823$
$x_3 = 1.000000 = \alpha_1$	$x_3 = 1.000000 = \alpha_1$	$x_3 = -0.000000 = \alpha_2$

176 ——— 問 題 略 解

$x_0 = -0.3$	$x_0 = -0.9$	$x_0 = -1.1$
$x_1 = 0.073973$	$x_1 = -1.019580$	$x_1 = -1.012167$
$x_2 = -0.000823$	$x_2 = -1.000550$	$x_2 = -1.000216$
$x_3 = 0.000000 = \alpha_2$	$x_3 = -1.000000 = \alpha_3$	$x_3 = -1.000000 = \alpha_3$

第3章演習問題

[1] 初期値を $(a+1)/2$ とすれば，いずれも4回で収束する.

[2] (1) $x=1, 2, 3$ (2) $x=1$（重解），2 (3) $x=-1$（実数計算では複素数解は求められない）

[3] (1) $x=0.785398 (=\pi/4)$ (2) $x=\pm1.570796 (=\pm\pi/2)$ (3) $x=0.693147 (= \log 2)$.

$$\boxed{\text{第 } 4 \text{ 章}}$$

問題 4-1

1. 1次結合をつくり，これを0とおく.

$$c_1\boldsymbol{a}_1 + c_2\boldsymbol{a}_2 + c_3\boldsymbol{a}_3 = 0 \tag{4.17}$$

これを c_1, c_2, c_3 の連立1次方程式とみなして，成分に分けて書くと

$$\begin{cases} c_1 + 2c_2 + 3c_3 = 0 \\ c_1 - c_2 + c_3 = 0 \\ 2c_1 + c_2 + 4c_3 = 0 \end{cases}$$

この連立1次方程式を解くと，$c_1=5$, $c_2=2$, $c_3=-3$ を得る. $c_1=c_2=c_3=0$ ではないので，$\boldsymbol{a}_1, \boldsymbol{a}_2, \boldsymbol{a}_3$ は1次従属である.

2. (1) $\boldsymbol{a}_1$ と $\boldsymbol{a}_2$ の1次結合をつくり，これを0とおき，成分に分けて書くと，

$$\begin{cases} c_1 + 2c_2 = 0 \\ c_1 - c_2 = 0 \\ 2c_1 + c_2 = 0 \end{cases}$$

この3式を連立1次方程式として解くと，$c_1=c_2=c_3=0$ を得る. ゆえに $\boldsymbol{a}_1$ と $\boldsymbol{a}_2$ は1次独立である.

(2) 省略.

(3) 省略.

問 題 略 解 —— 177

問題 4-2

1. (1) $x=1$, $y=2$, $z=0$ (2) $x=2$, $y=1$, $z=3$

問題 4-3

1. (1) $x=3$, $y=-1$, $z=2$ (2) $x=0.5$, $y=2.3$, $z=3.1$

問題 4-4

1. (1) $x=2.5$, $y=3.3$, $z=2.7$ (2) $x=-1.6$, $y=2.5$, $z=7.2$

2. (1) $x=2.5$, $y=3.3$, $z=2.7$ (2) $x=-1.6$, $y=2.5$, $z=7.2$

問題 4-5

1. 省略.

2. 反復法の収束条件は必要条件ではなくて，十分条件である．したがって反復法の収束条件を満足していなくても収束することはありうる．必要かつ十分条件はそれぞれの方法の反復行列のスペクトル半径が1より小さいことである．一般の場合，スペクトル半径を求めることは連立1次方程式を解くより困難であるから，十分条件で見当をつけるのである.

第4章演習問題

[1] ピボット選択が必要である．解は $x=1$, $y=2$, $z=0.5$, $u=3$.

[2] $x=-1$, $y=2$, $z=5$, $u=-3$

[3] $x=-1$, $y=2$, $z=-2$, $u=-3$, $v=5$

$$\boxed{\text{第 5 章}}$$

問題 5-1

1. 省略.

問題 5-2

1. 省略.

2. 数値積分値は，小区間分割数 N と各小区間の分点数 n により，次のような結果

178 ——— 問 題 略 解

が得られる.

N	1	2	3
$n=2$	0.529608	0.553871	0.556532
3	0.554951	0.557288	0.557392
4	0.557210	0.557404	0.557407
5	0.557393	0.557408	0.557407

第5章演習問題

[1] 省略.

[2] 省略.

[3] (1) $K(0) = 1.5707963\cdots$, $K(0.5) = 1.8540746\cdots$.

(2) $E(0) = 1.5707963\cdots$, $E(0.5) = 1.3506438\cdots$.

第 6 章

問題 6-2

1. 真の解はそれぞれ, (1) $x=e^t$, (2) $x=1/(1-t)$, (3) $x=\tan t$, (4) $x=e^t-1$, (5) $x=\sqrt{1+2t}-1$.

2. 省略.

問題 6-3

1. 省略.

2. 真の解はそれぞれ, (1) $x=-1-t+2e^t$, (2) $x=\sin t$, (3) $x=\cos t$, $y=-\sin t$.

3. 省略.

第6章演習問題

[1] 厳密解は $x(t)=0.5(e^t-e^{-t})$, $y(t)=0.5(e^t+e^{-t})$.

[2] 厳密解は $x(t)=e^t$, $y(t)=e^{-t}$.

[3] 厳密解は $x(t)=e^{-t}\cos t$.

[4] 厳密解は $x(t)=t-1.125\sin t$, $y(t)=1-1.125\cos t$. ゆえに $(x(t), y(t))$ はサイクロイド曲線上の点.

付録
本書の主な数値計算プログラム

付
録

3.1 平方根を求めるニュートン法

4.1 ガウスの消去法による連立1次方程式の数値解法

4.2 LU分解法による連立1次方程式の数値解法

4.3 ヤコビ法による連立1次方程式の数値解法

4.4 ガウス・ザイデル法による連立1次方程式の数値解法

5.1 台形公式による数値積分

5.2 シンプソンの公式による数値積分

5.3 ガウスの積分公式による数値積分

6.1 ルンゲ・クッタ・ジル法による連立微分方程式の数値解

180 ——— 付録3.1 ニュートン法

付録3．1　平方根を求めるニュートン法

```fortran
      PROGRAM NEWTON

      IMPLICIT REAL*8 (A-H,O-Z)

      READ(*,*) A
      EPSA = 1.0D-70
      EPSR = 1.0D-10

      X = ( A + 1.0DO ) / 2.0DO

  100    CONTINUE
         XO = X
         X = 0.5DO * ( XO + A / XO )
         ERR = ABS( X-XO ) / ( EPSA + EPSR * ( ABS(XO)+ABS(X) ) )

         WRITE(*,999) ' X = ', X, ' ERR = ', ERR
         IF ( ERR.GE.1.0DO ) GO TO  100

         WRITE(*,999) ' '
         WRITE(*,999) ' SQRT(', A, ') = ', X

         STOP
*.................................................................
  999    FORMAT( 2(A,1PE16.9) )

      E  N  D
```

===

付録4．1　ガウスの消去法による連立1次方程式の数値解法

```fortran
      PROGRAM GAUSS

      IMPLICIT REAL*8 (A-H,O-Z)
      PARAMETER ( NDIM=10, MDIM=20 )
      DIMENSION A(NDIM,MDIM)
*----------------------------------------------------------------
  100    READ(5,999,END=200) N, M

         IF ( N .GT. NDIM .OR. N+M .GT. MDIM ) THEN
            WRITE(6,997) '-*** INPUT ERROR *** N AND N+M MUST BE LESS'
     .                  //' THAN NDIM AND MDIM, RESPECTIVELY'
            GO TO 200
         END IF

         DO 110 I = 1, N
            READ(5,998,END=200) ( A(I,J), J=1, N+M )
  110    CONTINUE

         WRITE(6,997) '- N = ', N,
     .                ' M = ', M

         WRITE(6,996) '0 A = '
         DO 120 I = 1, N
            WRITE(6,995) ( A(I,J), J=1, N )
  120    CONTINUE

         WRITE(6,996) '0 B = '
         DO 130 I = 1, N
            WRITE(6,995) ( A(I,J), J=N+1,N+M )
```

付録 4.1　ガウスの消去法 ────── 181

```
  130     CONTINUE

*         ----------------------------------
          CALL GAUSS ( A, DET, N, M, NDIM )
*         ----------------------------------

          WRITE(6,996) 'O SOLUTION = '
          DO 140 I = 1, N
              WRITE(6,995) ( A(I,J), J=N+1, N+M )
  140     CONTINUE
          WRITE(6,996) 'O DETERMINANT = ', DET
          GO TO 100

  200     STOP
*.....................................................................
  999     FORMAT( 2I3 )
  998     FORMAT( 10F8.0 )
  997     FORMAT( A, I2 )
  996     FORMAT( A, 1PD13.5 )
  995     FORMAT( 6X, 1P10D13.5 )

          E   N   D
***********************************************************************
          SUBROUTINE GAUSS ( A, DET, N, M, NDIM )

*---------------------------------------------------------------------*
*                                                                     *
*         GAUSSIAN ELIMINATION METHOD OF SOLUTION OF LINEAR           *
*         SIMULTANEOUS EQUATIONS WITH PARTIAL PIVOTTING FOR           *
*                       (A) * X = B                                   *
*                                                                     *
*         USAGE:    CALL GAUSS( A, DET, N, M, NDIM )                   *
*                                                                     *
*           ARGUMENTS   A ...... A(N,N+M) MATRIX                      *
*                       DET  .... DETERMINANT OF A(N,N)               *
*                       N  ...... NUMBER OF UNKNOWNS                  *
*                       M  ...... NUMBER OF PROBLEMS                  *
*                       NDIM .... SIZE OF A IN CALLING PROGRAMME      *
*           NOTE:  B(I,J) IS STOREED IN A(I,N+J)    1<=J<=M)          *
*                  SOLUTION X(I,J) IS STOREED IN A(I,N+J)   1<=J<=M)  *
*                                                                     *
*---------------------------------------------------------------------*
          IMPLICIT REAL*8 (A-H,O-Z)
          DIMENSION A(NDIM,*)
*---------------------------------------------------------------------

*    INITIALIZTION

          DET = 1.0D0
          EPS = 0.0D0
          DO 100 K = 1, N
              DO 100 J = 1, N
                  EPS = DMAX1( EPS, DABS(A(K,J)) )
  100     CONTINUE
          EPS = EPS * 1.0D-10

*    FORWARD ELIMINATION

          DO 160 K = 1, N

*    FIND PIVOT ( PARTIAL PIVOTTING )
              L = K
              PIVOT = A(K,K)
              DO 110 J = K+1, N
                  IF ( DABS(PIVOT) .LT. DABS(A(J,K)) ) THEN
```

182 ——— 付録 4.1　ガウスの消去法

```
              L = J
              PIVOT = A(J,K)
           END IF
110        CONTINUE

*      EXCHANGE ROWS IF NECESSARY
           IF ( L .NE. K ) THEN
              DET = - DET
              DO 120 J = K, N+M
                 W       = A(K,J)
                 A(K,J) = A(L,J)
                 A(L,J) = W
120           CONTINUE
           END IF

*      END OF PIVOTTING

*      DETERMINANT

           DET = DET * PIVOT

*      RETURN IF MATRIX IS SINGULAR
           IF ( DABS(DET) .LT. EPS ) THEN
              RETURN
           END IF

           DO 130 J = K+1, N+M
              A(K,J) = A(K,J) / PIVOT
130        CONTINUE

           DO 150 I = K+1, N
              AIK = A(I,K)
              DO 140 J = K+1, N+M
                 A(I,J) = A(I,J) - AIK * A(K,J)
140           CONTINUE
150        CONTINUE

160        CONTINUE

*      BACKWARD SUBSTITUTION

           DO 190 J = N+1, N+M
              DO 180 K = N-1, 1, -1
                 DO 170 I = K+1, N
                    A(K,J) = A(K,J) - A(K,I) * A(I,J)
170              CONTINUE
180           CONTINUE
190        CONTINUE

           RETURN

           E  N  D
```

データ例

```
3  1
      2       3       5       23
      3       4       6       29
      4       3       9       37
3  3
      2       3       5       1       0       0
      3       4       6       0       1       0
      4       3       9       0       0       1
```

==

付録 4.2 *LU* 分解法 ―― 183

付録4．2　ＬＵ分解法による連立１次方程式の数値解法

```
        PROGRAM LUDEC

        IMPLICIT REAL*8 (A-H,O-Z)
        PARAMETER ( NDIM=10, MDIM=10 )
        DIMENSION A(NDIM,NDIM), B(NDIM,MDIM), X(NDIM,MDIM), MM(NDIM)
*------------------------------------------------------------------------
  100   READ(5,999,END=200) N, M

        IF ( N .GT. NDIM .OR. M .GT. MDIM ) THEN
            WRITE(6,997) '-*** INPUT ERROR *** N AND M MUST BE LESS'
                //' THAN OR EQUAL TO NDIM AND MDIM, RESPECTIVELY.'
            GO TO 200
        END IF

        DO 110 I = 1, N
            READ(5,998,END=200) ( A(I,J), J=1, N ), ( B(I,J), J=1, M )
  110   CONTINUE

        WRITE(6,997) '- N = ', N
        WRITE(6,997) '  M = ', M

        WRITE(6,996) '0   A = '
        DO 120 I = 1, N
            WRITE(6,995) ( A(I,J), J=1, N )
  120   CONTINUE

        WRITE(6,996) '0   B = '
        DO 130 I = 1, N
            WRITE(6,995) ( B(I,J), J=1, M )
  130   CONTINUE

*       -----------------------------------------
        CALL LU ( A, B, X, DET, N, MM, NDIM )
*       -----------------------------------------

        WRITE(6,996) '0 FACTRIZED A = '
        DO 140 I = 1, N
            WRITE(6,995) ( A(I,J), J=1, N )
  140   CONTINUE

        WRITE(6,996) '0 DETERMINANT = ', DET

        DO 150 J = 2, M
*           ---------------------------------------
            CALL SOLVE( A, B(1,J), X(1,J), MM, N )
*           ---------------------------------------
  150   CONTINUE

        WRITE(6,996) '0 SOLUTION X = '
        DO 160 I = 1, N
            WRITE(6,995) ( X(I,J), J=1, M )
  160   CONTINUE
        GO TO 100

  200   STOP
*.........................................................................
  999   FORMAT( 2I3 )
  998   FORMAT( 10F8.0 )
  997   FORMAT( A, I2 )
  996   FORMAT( A, 1PD13.5 )
  995   FORMAT( 6X, 1P10D13.5 )
```

184 —— 付録 4.2 *LU* 分解法

```
          E  N  D
*********************************************************************
          SUBROUTINE LU ( A, B, X, DET, N, MM, NDIM )

*-----------------------------------------------------------------*
*                                                                 *
*          LU FACIRIZATION METHOD OF SOLUTION OF LINEAR           *
*          SIMULTANEOUS EQUATIONS         (A) * X = B             *
*                                                                 *
*          USAGE:     CALL LU ( A, B, X, DET, N, MM, NDIM )       *
*                     CALL SOLVE( A, B, X, MM, N )                *
*                                                                 *
*          ARGUMENTS   A ...... (N*N) MATRIX                      *
*                      B ...... CONSTANT VECTOR                   *
*                      X ...... SOLUTION VECTOR                   *
*                      DET  .... DETERMINANT                      *
*                      N  ...... NUMBER OF UNKNOWNS               *
*                      MM ...... ORDER OF PIVOTTING               *
*                      NDIM .... SIZE OF A IN CALLING PROGRAMME   *
*                                                                 *
*-----------------------------------------------------------------*
          IMPLICIT REAL*8 (A-H,O-Z)
          DIMENSION A(NDIM,*), B(NDIM), X(NDIM), MM(NDIM)
*-----------------------------------------------------------------

*     LU FACTORIZATION

          DO 100 I = 1, N
            MM(I) = I
 100      CONTINUE

          DET = 1.0D0
          DO 160 K = 1, N-1

*     PARTIAL PIVOTTING
            L    = K
            PIVOT = A(K,K)
            DO 110 J = K+1, N
              IF ( ABS(PIVOT) .LT. ABS(A(J,K)) ) THEN
                L = J
                PIVOT = A(J,K)
              END IF
 110        CONTINUE
            IF ( L .NE. K ) THEN
              DET = - DET
              DO 120 J = 1, N
                  W = A(K,J)
                A(K,J) = A(L,J)
                A(L,J) = W
 120          CONTINUE
                IW = MM(K)
                MM(K) = MM(L)
                MM(L) = IW
            END IF
*     END OF PIVOTTING

            DO 130 J = K+1, N
              A(K,J) = A(K,J) / PIVOT
 130        CONTINUE
            DO 150 I = K+1, N
              DO 140 J=K+1, N
                  A(I,J) = A(I,J) - A(I,K) * A(K,J)
 140          CONTINUE
 150        CONTINUE
```

付録 4.3　ヤ コ ビ 法 —— 185

```
 160      CONTINUE
*    DETERMINANT

          DO 200 K = 1, N
             DET = DET * A(K,K)
 200      CONTINUE
*------------------------------------------------------------------------
*    SOLUTION BY FORWARD AND BACKWARD SUBSTITUTION

          ENTRY SOLVE( A, B, X, MM, N )

*      SORT IN PIVOTTING ORDER

          DO 210 I = 1, N
             X(I) = B(MM(I))
 210      CONTINUE

*      FORWARD SUBSTITUTION

          DO 230 K = 1, N
             DO 220 J = 1, K-1
                X(K) = X(K) - A(K,J) * X(J)
 220         CONTINUE
             X(K) = X(K) / A(K,K)
 230      CONTINUE

*      BACKWARD SUBSTITUTION

          DO 250 K = N, 1, -1
             DO 240 J = K+1, N
                X(K) = X(K) - A(K,J) * X(J)
 240         CONTINUE
 250      CONTINUE

          RETURN

          E  N  D
```

データ例

```
 3  1
         2          4          6         28
         3         10         25         98
         5         16         46        175
 3  3
         2          3          5          1          0          0
         3          4          6          0          1          0
         4          3          9          0          0          1
 3  3
    -2.250       1.50      0.250          1          0          0
     0.375       0.25     -0.375          0          1          0
     0.875      -0.75      0.125          0          0          1
```
==

付録 4.4　ヤコビ法による連立 1 次方程式の数値解法

```
          PROGRAM JACOB

          IMPLICIT REAL*8 (A-H,O-Z)
          PARAMETER ( NDIM=10 )
```

186 —— 付録 4.3 ヤ コ ビ 法

```fortran
          DIMENSION A(NDIM,NDIM), B(NDIM), X(NDIM), XO(NDIM)
*-------------------------------------------------------------------------
   100    READ(5,999,END=200) N
          IF ( N .GT. NDIM ) THEN
             WRITE(6,997) '-*** INPUT ERROR ***  N MUST BE LESS'
             //' THAN NDIM '
             GO TO 200
          END IF
          DO 110 I = 1, N
             READ(5,998,END=200) ( A(I,J), J=1, N ), B(I), X(I)
   110    CONTINUE

          WRITE(6,997) '- N = ', N

          WRITE(6,996) '0 A = '
          DO 120 I = 1, N
             WRITE(6,995) ( A(I,J), J=1, N )
   120    CONTINUE

          WRITE(6,996) '0 B = '
          DO 130 I = 1, N
             WRITE(6,995) B(I)
   130    CONTINUE

*         ------------------------------------
          CALL JACOBI ( A, B, X, XO, N, NDIM )
*         ------------------------------------

          WRITE(6,996) '0 SOLUTION = '
          DO 150 I = 1, N
             WRITE(6,995) X(I)
   150    CONTINUE

          GO TO 100

   200    STOP
*.........................................................................
   999    FORMAT( I3 )
   998    FORMAT( 10F8.0 )
   997    FORMAT( A, I2 )
   996    FORMAT( A, 1PD13.5 )
   995    FORMAT( 6X, 1P10D13.5 )

          E N D
*************************************************************************
          SUBROUTINE JACOBI ( A, B, X, XO, N, NDIM )

*------------------------------------------------------------------------*
*                                                                        *
*         JACOBIAN METHOD OF SOLUTION OF LINEAR SIMULTANEOUS             *
*         EQUATIONS                                                      *
*                        (A) * X = B                                     *
*                                                                        *
*         USAGE:    CALL JCOBI( A, B, X, XO, N, NDIM )                   *
*                                                                        *
*           ARGUMENTS   A ......  (N*N) MATRIX (A)                       *
*                       B  ...... CONSTANT VECTOR                        *
*                       X  ...... SOLUTION VECTOR                        *
*                       N  ...... NUMBER OF UNKNOWNS                     *
*                       NDIM .... SIZE OF A IN CALLING PROGRAMME         *
*                                                                        *
*------------------------------------------------------------------------*
          IMPLICIT REAL*8 (A-H,O-Z)
          DIMENSION A(NDIM,*), B(*), X(*), XO(*)
```

付録4.3　ヤコビ法 ──── 187

```
      DATA       EPSA, EPSR / 1.0D-70, 1.0D-10 /
*-------------------------------------------------------------------
*    CHECK IF THIS PROBLEM WILL CONVERGE.
*    ITRMX IS MAXIMUM ITERATION COUNTER.

      RHO = 0.0DO
      DO 120 I = 1, N
        AMAXO = 0.0DO
        DO 110 J = 1, N
          IF ( I .NE. J )
     .        AMAXO = AMAXO +  ABS(A(I,J))
110     CONTINUE
        RHO = MAX( RHO, AMAXO / ABS(A(I,I)) )
120   CONTINUE

      IF ( RHO .GT. 1.0DO ) THEN
        WRITE(6,999) '-***  JACOBIAN METHOD WILL NOT CONVERGE. '//
     .                ' EXECUTION STOP IN SUB. JACOBI '
        WRITE(6,999) '0   GUESSED MATRIX NORM = ', RHO
        STOP
      END IF

      ITRMX = LOG(EPSR) / LOG( RHO )

      WRITE(6,999) '0        GUESSED MATRIX NORM = ', RHO
      WRITE(6,998) '  MAXIMUM ITERATION COUNTER = ', ITRMX
      WRITE(6,998) '0'

*    ITERATION

      ITR = 0

200   CONTINUE

      ITR = ITR + 1
      ERR = 0.0DO

      DO 210 I = 1, N
        XO(I) = X(I)
210   CONTINUE

      DO 240 I = 1, N

        X(I) = 0.0DO

        DO 220 J = 1, I-1
          X(I) = X(I) + A(I,J) * X(J)
220     CONTINUE

        DO 230 J = I+1, N
          X(I) = X(I) + A(I,J) * X(J)
230     CONTINUE

        X(I) = ( B(I) - X(I) ) / A(I,I)
        DX   = ABS( X(I) - XO(I) )
        ERR  = MAX( ERR,
     .              DX / ( EPSA + EPSR * ( ABS(X(I)) + ABS(XO(I)) ) ) )
240   CONTINUE

      IF ( ERR .LT. 1.0DO ) GO TO 250
      IF ( ITR .LT. ITRMX ) GO TO 200

      WRITE(6,999) '- ITERATION DOES NOT CONVERGE.'//
     .             ' EXECUTION TERMINATED. '
```

188 —— 付録4.4 ガウス・ザイデル法

```
250     CONTINUE
        WRITE(6,998) '- NUMBER OF ITERATION = ', ITR
        RETURN
*...............................................................
 999 FORMAT( A, 1PD10.3 )
 998 FORMAT( A, I5, A, 1PD10.3 )

        E  N  D
```

データ例

```
3
     9        3        5        30
     2        9        6        38
     4        3        9        37
3
     1        3        5        22
     3        2        6        25
     4        3        3        19
```

==

付録4.4 ガウス・ザイデル法による連立1次方程式の数値解法

```
        PROGRAM GAUSED

        IMPLICIT REAL*8 (A-H,O-Z)
        PARAMETER ( NDIM=10 )
        DIMENSION A(NDIM,NDIM), B(NDIM), X(NDIM)
*-----------------------------------------------------------------
 100    READ(5,999,END=200) N
        IF ( N .GT. NDIM ) THEN
           WRITE(6,997) '-*** INPUT ERROR ***  N MUST BE LESS'
     .           //' THAN NDIM '
           GO TO 200
        END IF
        DO 110 I = 1, N
           READ(5,998,END=200) ( A(I,J), J=1, N ), B(I), X(I)
 110    CONTINUE

        WRITE(6,997) '- N = ', N

        WRITE(6,996) '0 A = '
        DO 120 I = 1, N
           WRITE(6,995) ( A(I,J), J=1, N )
 120    CONTINUE

        WRITE(6,996) '0 B = '
        DO 130 I = 1, N
           WRITE(6,995) B(I)
 130    CONTINUE

*          -----------------------------
           CALL GS ( A, B, X, N, NDIM )
*          -----------------------------

        WRITE(6,996) '0 SOLUTION = '
        DO 150 I = 1, N
           WRITE(6,995) X(I)
 150    CONTINUE
```

付録 4.4 ガウス・ザイデル法 ────── 189

```
          GO TO 100
  200     STOP
*......................................................................
  999     FORMAT( I3 )
  998     FORMAT( 10F8.0 )
  997     FORMAT( A, I2 )
  996     FORMAT( A, 1PD13.5 )
  995     FORMAT( 6X, 1P10D13.5 )

          E N D
***********************************************************************

          SUBROUTINE GS ( A, B, X, N, NDIM )

*---------------------------------------------------------------------*
*                                                                     *
*         GAUSS-SEIDEL METHOD OF SOLUTION OF LINEAR SIMULTANEOUS       *
*         EQUATIONS                                                   *
*                        (A) * X = B                                  *
*                                                                     *
*         USAGE:    CALL GS ( A, B, X, N, NDIM )                      *
*                                                                     *
*            ARGUMENTS   A ......  (N*N) MATRIX (A)                    *
*                        B  ...... CONSTANT VECTOR                     *
*                        X  ...... SOLUTION VECTOR                     *
*                        N  ...... NUMBER OF UNKNOWNS                  *
*                        NDIM .... SIZE OF A IN CALLING PROGRAMME      *
*                                                                     *
*---------------------------------------------------------------------*
          IMPLICIT REAL*8 (A-H,O-Z)
          DIMENSION A(NDIM,*), B(*), X(*)
          DATA      EPSA, EPSR / 1.0D-70, 1.0D-10 /
*---------------------------------------------------------------------

*    CHECK IF THIS PROBLEM WILL CONVERGE.
*    ITRMX IS MAXIMUM ITERATION COUNTER.

          RHO = 0.0D0
          DO 120 I = 1, N
            AMAXO = 0.0D0
            DO 110 J = 1, N
               IF ( I .NE. J )
     .            AMAXO = AMAXO +  ABS(A(I,J))
  110       CONTINUE
            RHO = MAX( RHO, AMAXO / ABS(A(I,I)) )
  120     CONTINUE

          IF ( RHO .GT. 1.0D0 ) THEN
             WRITE(6,999) '- ***** GAUSS-SEIDEL WILL NOT CONVERGE. '//
     .            ' EXECUTION STOP IN SUB. GS '
             WRITE(6,999) '0       GUESSED SPECTRAL RADIUS = ', RHO
             STOP
          END IF

          ITRMX = LOG(EPSR) / LOG( RHO )

          WRITE(6,999) '0       GUESSED SPECTRAL RADIUS = ', RHO
          WRITE(6,998) '     MAXIMUM ITERATION COUNTER = ', ITRMX
          WRITE(6,998) '0'

*    ITERATION

          ITR = 0
```

190 ——— 付録5.1　台形公式

```
200    CONTINUE

       ITR = ITR + 1
       ERR = 0.0D0

       DO 230 I = 1, N

          XNEW = 0.0D0

          DO 210 J = 1, I-1
             XNEW = XNEW + A(I,J) * X(J)
210       CONTINUE

          DO 220 J = I+1, N
             XNEW = XNEW + A(I,J) * X(J)
220       CONTINUE

          XNEW = ( B(I) - XNEW ) / A(I,I)
          XOLD = X(I)
          X(I) = XNEW
          DX   = ABS( XNEW - XOLD )
          ERR  = MAX( ERR,
     .               DX / ( EPSA + EPSR * ( ABS(XNEW) + ABS(XOLD) ) ) ) )
230    CONTINUE

       IF ( ERR .LT. 1.0D0 ) GO TO 240
       IF ( ITR .LT. ITRMX ) GO TO 200

       WRITE(6,999) '- ITERATION DOES NOT CONVERGE.'//
     .              '  EXECUTION TERMINATED. '

240    CONTINUE

       WRITE(6,998) '- NUMBER OF ITERATION = ', ITR

       RETURN
*..................................................................
  999 FORMAT( A, 1PD10.3 )
  998 FORMAT( A, I5, A, 1PD10.3 )

       E  N  D
```

データ例

```
3
     9       3       5       30
     2       9       6       38
     4       3       9       37
3
     1       3       5       22
     3       2       6       25
     4       3       3       19
```

===

付録5.1　台形公式による数値積分

```
       PROGRAM TRPEX

       IMPLICIT REAL*8 (A-H,O-Z)

       PARAMETER (MXHLF=30)
       EXTERNAL  F
*---------------------------------------------------------------------
```

付録5.1　台形公式 ─── 191

```
*     PARAMETERS

      A   = 0.0D0
      B   = 1.0D0

*     --------------------------------
      CALL TRAPEZ( A, B, F, S, MXHLF)
*     --------------------------------

      WRITE(6,999) '-INTEGRAL = ', S

      STOP
*.....................................................................
  999 FORMAT( A, 1PD22.15 )

      E N D
*********************************************************************
      SUBROUTINE TRAPEZ( A, B, F, S, MXHLF )

*-----------------------------------------------------------------*
*                                                                 *
*         INTEGRATION OF FUNCTION F(X) FROM A TO B                *
*         BY USING TRAPEZOIDAL FORMULA.  RESULT IS                *
*         STORED IN S. EPS IS RELATIVE ERROR OF S                 *
*                                                                 *
*-----------------------------------------------------------------*

      IMPLICIT REAL*8 (A-H,O-Z)
      EXTERNAL  F
      DATA      EPS / 1.0D-10 /
*-----------------------------------------------------------------*
*     INITIALIZATION

      JMAX = 0
      NHLF = 0
      H    = B - A
      S    = 0.5D0 * H * ( F(A) + F(B) )

*     START OF THE TRAPEZOIDAL METHOD

  100    CONTINUE

      JMAX = 2 * JMAX + 1
      NHLF = NHLF + 1
      H    = H * 0.5D0
      SUM  = 0.0D0
      DO 110 J = 1, JMAX, 2
         SUM = SUM + F(A+J*H)
  110    CONTINUE
      SS = S
      S  = 0.5D0 * S + H * SUM
      DS = ABS( S - SS )

      WRITE(6,999) ' NHLF = ', NHLF, '      INTEGRAL = ', S,
     .             '    DS = ', DS
      IF ( NHLF .EQ. MXHLF ) THEN
         WRITE( 6, 999 ) '0      TRAPEZOIDAL METHOD DOES NOT'//
     .                   ' CONVERGE. MXHLF = ', MXHLF
      END IF

      IF ( DS   .LE. EPS*ABS(S) ) GO TO 200
      IF ( NHLF .GE. MXHLF      ) GO TO 200
      GO TO 100
```

192 ——— 付録5.2 シンプソンの公式

```
  200    RETURN
*...................................................................
  999    FORMAT( A, I3, 2( A, 1PD22.15 ) )

         E  N  D
********************************************************************

         REAL FUNCTION F*8 ( X )

         IMPLICIT REAL*8 ( A-H, O-Z )
*------------------------------------------------------------------
         F = 4.0D0 / ( 1.0D0 + X*X )

         RETURN

         E  N  D
```

==

付録5.2　シンプソンの公式による数値積分

```
         PROGRAM SIMPS

         IMPLICIT REAL*8 (A-H,O-Z)
         PARAMETER (MXHLF=50)
         EXTERNAL  F
*------------------------------------------------------------------

*    PARAMETERS

         A   = 0.0D0
         B   = 1.0D0

*        ---------------------------------
         CALL SIMPSN( A, B, F, S, MXHLF)
*        ---------------------------------

         WRITE(6,999) '-INTEGRAL = ', S

         STOP
*...................................................................
  999    FORMAT( A, 1PD22.15 )

         E  N  D
********************************************************************

         SUBROUTINE SIMPSN( A, B, F, S, MXHLF )

*------------------------------------------------------------------*
*                                                                  *
*          INTEGRATION OF FUNCTION F(X) FROM A TO B                *
*          BY USING SIMPSON (1/3) RULE.   RESULT IS                *
*          STORED IN S. EPS IS RELATIVE ERROR OF S                 *
*                                                                  *
*------------------------------------------------------------------*

         IMPLICIT REAL*8 (A-H,O-Z)
         EXTERNAL  F
         DATA      EPS / 1.0D-10 /
*------------------------------------------------------------------*

*    INITIALIZATION

         JMAX = 0
         NHLF = 0
```

付録5.3 ガウスの積分公式 ―― 193

```
          H    = B - A
          S1   = F(A) + F(B)
          S2   = 0.0D0
          S4   = 0.0D0

          S    = 0.5D0 * H * S1

*     START OF THE SIMPSON METHOD

  100     CONTINUE

          JMAX = 2 * JMAX + 1
          NHLF = NHLF + 1
          H    = H * 0.5D0
          S2   = S2 + S4
          S4   = 0.0D0
          DO 110 J = 1, JMAX, 2
             S4 = S4 + F(A+J*H)
  110     CONTINUE
          SS = S
          S  = ( H / 3.0D0 ) * ( S1 + 2.0D0 * S2 + 4.0D0 * S4 )
          DS = ABS( S - SS )

          WRITE(6,999) ' NHLF = ', NHLF, '        INTEGRAL = ', S,
         .             '        DS = ', DS
          IF ( NHLF .EQ. MXHLF ) THEN
             WRITE( 6, 999 ) '0        SIMPSON METHOD DOES NOT'//
         .          ' CONVERGE. MXHLF = ', MXHLF
          END IF

          IF ( DS      .LE. EPS*ABS(S) ) GO TO 200
          IF ( NHLF    .GE. MXHLF      ) GO TO 200
          GO TO 100

  200     RETURN
*..............................................................
  999     FORMAT( A, I3, 2( A, 1PD22.15 ) )

          E  N  D
******************************************************************
          REAL FUNCTION F*8 ( X )

          IMPLICIT REAL*8 ( A-H, O-Z )

          F = 4.0D0 / ( 1.0D0 + X**X )

          RETURN

          E  N  D
```

===

付録5.3 ガウスの積分公式による数値積分

```
          PROGRAM GAUSIN

          IMPLICIT REAL*8 (A-H,O-Z)

          EXTERNAL  F
*-----------------------------------------------------------------
*     PARAMETERS

          NDIV = 8
```

194 ——— 付録 5.3　ガウスの積分公式

```fortran
        A     = 0.0D0
        B     = 1.0D0
        D     = ( B - A ) / NDIV
        S     = 0.0D0

        DO 100 I = 1, NDIV

           XMIN = A + ( I - 1 ) * D
           XMAX = XMIN + D
*          ----------------------------------------
           CALL GAUSS( XMIN, XMAX, F, DS, ERROR, N )
*          ----------------------------------------
           S = S + DS

100     CONTINUE

        WRITE(6,999) '-INTEGRAL = ', S,
       .             '    ERROR = ', ERROR,
       .             '        N = ', N

        STOP
*.............................................................................
999     FORMAT( 2(A, 1PD22.15 ), A, I1 )

        E  N  D
*****************************************************************************

        SUBROUTINE GAUSS( A, B, F, S, ERROR, N )

*---------------------------------------------------------------------------*
*                                                                           *
*          INTEGRATION OF FUNCTION F(X) FROM A TO B                         *
*          BY USING GAUSS'S METHOD.   RESULT IS                             *
*          STORED IN S. EPS IS RELATIVE ERROR OF S                          *
*                                                                           *
*---------------------------------------------------------------------------*

        IMPLICIT REAL*8 (A-H,O-Z)

        EXTERNAL  F
        DATA      EPS / 1.0D-10 /

        DIMENSION AXIS(15), WEIGHT(15), X(7), W(7)
        INTEGER   START(7)

        DATA AXIS
       .       / 0.57735 02691 89625 76451 D0,
       .         0.77459 66692 41483 37703 D0,
       .         0.0                       D0,
       .         0.86113 63115 94052 57522 D0,
       .         0.33998 10435 84856 26480 D0,
       .         0.90617 98459 38663 99280 D0,
       .         0.53846 93101 05863 09104 D0,
       .         0.0                       D0,
       .         0.93246 95142 03152 02781 D0,
       .         0.66120 93864 66264 51336 D0,
       .         0.23861 91860 83196 90863 D0,
       .         0.94910 79123 42758 52453 D0,
       .         0.74153 11855 99394 43986 D0,
       .         0.40584 51513 77397 16691 D0,
       .         0.0                       D0 /

        DATA WEIGHT
       .       / 1.0                       D0,
```

付録5.3　ガウスの積分公式 ──── 195

```
     .            0.55555 55555 55555 55556 D0,
     .            0.88888 88888 88888 88889 D0,
     .            0.34785 48451 37453 85737 D0,
     .            0.65214 51548 62546 14263 D0,
     .            0.23692 68850 56189 08751 D0,
     .            0.47862 86704 99366 46804 D0,
     .            0.56888 88888 88888 88889 D0,
     .            0.17132 44923 79170 34504 D0,
     .            0.36076 15730 48138 60757 D0,
     .            0.46791 39345 72691 04739 D0,
     .            0.12948 49661 68869 69327 D0,
     .            0.27970 53914 89276 66790 D0,
     .            0.38183 00505 05118 94495 D0,
     .            0.41795 91836 73469 38776 D0 /

     DATA START
     .       /  1,  2,  4,  6,  9,  12,  16  /
*----------------------------------------------------------------*

*    INITIALIZATION

     C1 = ( B - A ) / 2.0D0
     C2 = ( B + A ) / 2.0D0
     S  = 2.0D0 * C1 * F(C2)

*    START OF THE GAUSSIAN INTEGRAL METHOD

     DO 130 N = 2, 7

        SO = S
        K  = 0

        DO 110 I = START(N-1), START(N)-1
           K = K + 1
           X(K) = -AXIS(I)
           W(K) = WEIGHT(I)
           J = N - K + 1
           X(J) = AXIS(I)
           W(J) = WEIGHT(I)
110     CONTINUE

        SUM = 0.0D0
        DO 120 I = 1, N
           XI = C1 * X(I) + C2
           SUM = SUM + W(I) * F(XI)
120     CONTINUE

        S = C1 * SUM
        ERROR = ABS( S - SO )

        IF ( ERROR .LT. EPS * ABS(S) ) GO TO 200

        IF ( N .EQ. 7 ) THEN
           WRITE( 6, 999 ) '0           GAUSSIAN METHOD DOES NOT'//
     .        ' CONVERGE. NMAX = 7 '
        END IF

130  CONTINUE

     N = 7

200  RETURN
*..............................................................
999  FORMAT( A, I3, 2( A, 1PD22.15 ) )

     E N D
```

196 —— 付録 6.1 ルンゲ・クッタ・ジル法

```
****************************************************************
         REAL FUNCTION F*8 ( X )

         IMPLICIT REAL*8 ( A-H, O-Z )

         F = 4.0D0 / ( 1.0D0 + X*X )

         RETURN

         E  N  D
```

==

付録 6.1 ルンゲ・クッタ・ジル法による連立微分方程式の数値解

```
         PROGRAM RKGTST

         IMPLICIT REAL*8 (A-H,O-Z)
         DIMENSION X(2), F(2), Q(2), ERROR(2)
         COMMON / COMPAR / ALPHA, BETA
         LOGICAL   LSW
*--------------------------------------------------------------
*    PARAMETERS

         ALPHA = 1.0D2
         BETA  = 1.0D-1
         N     = 2
         NSTEP = 1000
         H     = 1.0D-2
         NPRNT = 100

*    DEFINE INITIAL CONDITIONS

         LSW   = .TRUE.
         T     = 0.0D0
         X(1)  = 1.0D0
         X(2)  = 0.0D0

*    STEP ON

         DO 100 JSTEP = 0, NSTEP
            IF ( JSTEP .EQ. JSTEP/NPRNT*NPRNT ) THEN
               A = EXP( - ALPHA * T )
               B = EXP( - BETA  * T )
               ERROR(1) = X(1) - 0.5D0 * ( A + B )
               ERROR(2) = X(2) - 0.5D0 * ( A - B )
               WRITE(6,999) T, ( X(I), ERROR(I), I = 1, N )
            END IF
*           -----------------------------------
            CALL RKG( T, X, F, H, N, Q, LSW )
*           -----------------------------------
            LSW = .FALSE.
  100    CONTINUE

         STOP
*................................................................
  999    FORMAT( F8.3, 2( 1P2D15.7, 5X ) )

         E  N  D
****************************************************************
         SUBROUTINE RKG( T, X, F, H, N, Q, LSW )
```

付録 6.1 ルンゲ・クッタ・ジル法 ——— 197

```
        IMPLICIT REAL*8 (A-H,O-Z)

        PARAMETER( C0=0.0000000000000000000000D0,
     .             C1=1.0000000000000000000000D0,
     .             C2=0.5000000000000000000000D0,
     .             C3=0.3333333333333333333333D0,
     .             C4=0.2928932188134524756000D0,
     .             C5=1.7071067811865475244000D0 )

        DIMENSION X(N),  F(N),  Q(N),
     .            CK(4), CT(4), CX(4), CQ(4)
        REAL*8    K
        LOGICAL   LSW

        DATA CK, CT, CX, CQ
     .     / C2, C1, C1, C2,    C0, C2, C0, C2,
     .       C1, C4, C5, C3,    C1, C4, C5, C1 /
*-------------------------------------------------------------------------
*     INITIALIZE

        IF ( LSW ) THEN
            DO 10 I = 1, N
                Q(I) = 0.0D0
   10       CONTINUE
        END IF

*     STEP NO.1-NO.4

        DO 110 ISTEP = 1, 4
            T = T + CT(ISTEP) * H
            CALL RHS( T, X, F )
            HH = CK(ISTEP) * H
            DO 110 I = 1, N
                K    = HH * F(I)
                X1   = X(I) + CX(ISTEP) * ( K - Q(I) )
                R    = X1 - X(I)
                Q(I) = Q(I) + 3.0D0 * R - CQ(ISTEP) * K
                X(I) = X1
  110   CONTINUE


*     EPILOGUE

        RETURN

        E   N   D
*************************************************************************
        SUBROUTINE RHS( T, X, F )

        IMPLICIT REAL*8 (A-H,O-Z)
        DIMENSION X(*), F(*)
        COMMON / COMPAR / ALPHA, BETA
*-------------------------------------------------------------------------
        A1 = ( ALPHA + BETA ) * 0.5D0
        A2 = ( ALPHA - BETA ) * 0.5D0

        F(1) = - A1 * X(1) - A2 * X(2)
        F(2) = - A1 * X(2) - A2 * X(1)

        RETURN

        E   N   D
```

索引

ア 行

アルゴリズム　23
アンダーフロー　9
安定性条件　152
1次結合　58
1次従属　58
1次独立　58
1段法　149
上三角行列　67, 77
後判定反復　27, 32
打切り誤差　17, 18
LU 分解　77
LU 分解法　77, 183
オイラー法　142
オーバーフロー　9
重み　110

カ 行

階数　58
改良オイラー法　145
ガウス Gauss, C. F.　76
　——の消去法　61, 180
　——の積分公式　125, 129, 193

ガウス・ザイデル法　95, 188
ガウス・ルジャンドルの積分公式　129
仮数部　10
完全ピボット選択法　70
きざみ幅　141
行列　55
　——のノルム　99
　——の要素　56
行列式　56
　——の計算　71, 83
許容誤差　12
許容絶対誤差　12
許容相対誤差　12
クッタの公式　156
組み込み関数　35
クラメルの公式　56
係数　55
桁上り　4
桁落ち　16
構造化定理　28
構造化プログラミング　24, 28
後退代入　62, 84
誤差の限界　12
互除法　36

固定小数点　4
固有値　100

サ 行

最大反復回数　102
差分商　143
差分方程式　150
3次のルンゲ・クッタ型公式　156
算法　23
指数部　10
下三角行列　77
実数型数値　3, 7
修正オイラー法　148
収束判定条件　42, 93
16進法　5
出発値　149
常微分方程式　138, 140
初期条件　139
初期値　41, 46
初期値問題　139
シンプソン Simpson, T.
　――の公式　117, 192
　――の1/3公式　117
　――の3/8公式　123
推定反復回数　101
数値的不安定性　147, 149
ステップ幅　141
スペクトル半径　100
正規化　8
整数型数値　3, 4
正方行列　55
絶対誤差　11
線形　40
前進消去　62
前進代入　84
相対誤差　12
疎行列　60

タ 行

大域的離散化誤差　144
台形公式　112, 190
代数方程式　40
代入文　23
単精度　10
超越方程式　40
直接法　60
定義と引用　29
定数項　55
適合条件　152
手順　23

ナ 行

流れ図　25
2次のルンゲ・クッタ型公式　154
2乗収束　45
2進数　4
2段法　149
ニュートン・コーツの公式　122
ニュートン法　41, 180
ニュートン・ラフソン法　41
ノルム　99

ハ 行

倍精度　10
PAD　24
判断　26, 31
反復　26, 32
反復行列　98
反復法　60
　――の収束条件　101
非線形　40
ビット　4
ピボット　69
ピボット選択　69, 81
符号　9
浮動小数点数　4

索　引 —— 201

部分ピボット選択法　70
分点　110
ベクトル　55
　——の成分　56
　——のノルム　99
偏微分方程式　140
ホイン Heun, K.
　——の2次公式　155
　——の3次公式　156

マ 行

前判定反復　27, 32
マシン・イプシロン　13
丸めの誤差　14
丸める　14
問題解析図　25
問題向き反復　27, 32

ヤ 行

ヤコビ法　91, 185

有効数字　4
4次のルンゲ・クッタ型公式　156

ラ 行

ラグランジュの補間多項式　121
ランク　58
離散化誤差　143
ルジャンドルの多項式　128
ルンゲ・クッタ型公式　153
　2次の——　154
　3次の——　156
　4次の——　156
ルンゲ・クッタ・ジルの公式　158, 196
ルンゲ・クッタの公式　156
連接　25, 30
連立1次方程式　54
連立常微分方程式　160

川上一郎

1931 年東京に生まれる. 1953 年東京大学理
学部物理学科卒業. 1955 年東京教育大学大
学院理学研究科修士課程修了. 1958 年立教
大学大学院理学研究科博士課程単位修得後退
学. 1959 年東京大学理学博士(論文). 日本
大学理工学部教授をへて, 2001 年より日本
大学名誉教授. 2011 年瑞宝中綬章. 専攻,
素粒子物理学, プラズマ物理学, 計算物理学.

理工系の数学入門コース 新装版
数値計算

	1989 年 4 月 6 日　初版第 1 刷発行
	2017 年 3 月 6 日　初版第 25 刷発行
	2019 年 11 月 14 日　新装版第 1 刷発行
	2022 年 3 月 4 日　新装版第 3 刷発行

著　者　川上一郎

発行者　坂本政謙

発行所　株式会社 岩波書店
　　　　〒101-8002 東京都千代田区一ツ橋 2-5-5
　　　　電話案内 03-5210-4000
　　　　https://www.iwanami.co.jp/

印刷・理想社　表紙・精興社　製本・松岳社

© Ichiro Kawakami 2019
ISBN 978-4-00-029890-2　Printed in Japan

戸田盛和・中嶋貞雄 編
物理入門コース[新装版]
A5判並製

理工系の学生が物理の基礎を学ぶための理想的なシリーズ．第一線の物理学者が本質を徹底的にかみくだいて説明．詳しい解答つきの例題・問題によって，理解が深まり，計算力が身につく．長年支持されてきた内容はそのまま，薄く，軽く，持ち歩きやすい造本に．

力　学	戸田盛和	258頁	2640円
解析力学	小出昭一郎	192頁	2530円
電磁気学Ⅰ　電場と磁場	長岡洋介	230頁	2640円
電磁気学Ⅱ　変動する電磁場	長岡洋介	148頁	1980円
量子力学Ⅰ　原子と量子	中嶋貞雄	228頁	2860円
量子力学Ⅱ　基本法則と応用	中嶋貞雄	240頁	2860円
熱・統計力学	戸田盛和	234頁	2750円
弾性体と流体	恒藤敏彦	264頁	3300円
相対性理論	中野董夫	234頁	3190円
物理のための数学	和達三樹	288頁	2860円

戸田盛和・中嶋貞雄 編
物理入門コース／演習[新装版]　A5判並製

例解　力学演習	戸田盛和 渡辺慎介	202頁	3080円
例解　電磁気学演習	長岡洋介 丹慶勝市	236頁	3080円
例解　量子力学演習	中嶋貞雄 吉岡大二郎	222頁	3520円
例解　熱・統計力学演習	戸田盛和 市村純	222頁	3520円
例解　物理数学演習	和達三樹	196頁	3520円

──────── 岩波書店刊 ────────
定価は消費税10%込です
2022年3月現在

戸田盛和・広田良吾・和達三樹 編
理工系の数学入門コース
A5 判並製　　　　　　　　　　　　　　　[新装版]

学生・教員から長年支持されてきた教科書シリーズの新装版．理工系のどの分野に進む人にとっても必要な数学の基礎をていねいに解説．詳しい解答のついた例題・問題に取り組むことで，計算力・応用力が身につく．

微分積分	和達三樹	270 頁	2970 円
線形代数	戸田盛和／浅野功義	192 頁	2750 円
ベクトル解析	戸田盛和	252 頁	2860 円
常微分方程式	矢嶋信男	244 頁	2970 円
複素関数	表　実	180 頁	2750 円
フーリエ解析	大石進一	234 頁	2860 円
確率・統計	薩摩順吉	236 頁	2750 円
数値計算	川上一郎	218 頁	3080 円

戸田盛和・和達三樹 編
理工系の数学入門コース／演習 [新装版]
A5 判並製

微分積分演習	和達三樹／十河　清	292 頁	3850 円
線形代数演習	浅野功義／大関清太	180 頁	3300 円
ベクトル解析演習	戸田盛和／渡辺慎介	194 頁	3080 円
微分方程式演習	和達三樹／矢嶋　徹	238 頁	3520 円
複素関数演習	表　実／迫田誠治	210 頁	3300 円

岩波書店刊
定価は消費税 10％込です
2022 年 3 月現在

新装版 **数学読本**（全6巻）

松坂和夫著　菊判並製

中学・高校の全範囲をあつかいながら，大学数学の入り口まで独習できるように構成．深く豊かな内容を一貫した流れで解説する．

1	自然数・整数・有理数や無理数・実数などの諸性質，式の計算，方程式の解き方などを解説．	226頁	定価 2310円
2	簡単な関数から始め，座標を用いた基本的図形を調べたあと，指数関数・対数関数・三角関数に入る．	238頁	定価 2640円
3	ベクトル，複素数を学んでから，空間図形の性質，2次式で表される図形へと進み，数列に入る．	236頁	定価 2640円
4	数列，級数の諸性質など中等数学の足がためをしたのち，順列と組合せ，確率の初歩，微分法へと進む．	280頁	定価 2860円
5	前巻にひきつづき微積分法の計算と理論の初歩を解説するが，学校の教科書には見られない豊富な内容をあつかう．	292頁	定価 2970円
6	行列と1次変換など，線形代数の初歩をあつかい，さらに数論の初歩，集合・論理などの現代数学の基礎概念へ．	228頁	定価 2530円

———— 岩波書店刊 ————

定価は消費税10%込です
2022年3月現在

松坂和夫
数学入門シリーズ（全6巻）

松坂和夫著　菊判並製

高校数学を学んでいれば，このシリーズで大学数学の基礎が体系的に自習できる．わかりやすい解説で定評あるロングセラーの新装版．

1 **集合・位相入門**　　340頁　定価2860円
　現代数学の言語というべき集合を初歩から

2 **線型代数入門**　　458頁　定価3850円
　純粋・応用数学の基盤をなす線型代数を初歩から

3 **代数系入門**　　386頁　定価3740円
　群・環・体・ベクトル空間を初歩から

4 **解析入門　上**　　416頁　定価3850円

5 **解析入門　中**　　402頁　定価3850円

6 **解析入門　下**　　446頁　定価3850円
　微積分入門からルベーグ積分まで

───── 岩波書店刊 ─────
定価は消費税10%込です
2022年3月現在

岩波データサイエンス （全6巻）

岩波データサイエンス刊行委員会=編

統計科学・機械学習・データマイニングなど，多様なデータをどう解析するかの手法がいま大注目．本シリーズは，この分野のプロアマを問わず，読んで必ず役立つ情報を提供します．各巻ごとに「特集」や「話題」を選び，雑誌的な機動力のある編集方針を採用．ソフトウェアの動向なども機敏にキャッチし，より実践的な勘所を伝授します．

A5判・並製, 平均152ページ, 各1650円
＊は1528円

〈全巻の構成〉

Vol.1 特集「ベイズ推論と MCMC のフリーソフト」

＊**Vol.2** 特集「統計的自然言語処理 ― ことばを扱う機械」

Vol.3 特集「因果推論 ― 実世界のデータから因果を読む」

Vol.4 特集「地理空間情報処理」

Vol.5 特集「スパースモデリングと多変量データ解析」

Vol.6 特集「時系列解析 ― 状態空間モデル・因果解析・ビジネス応用」

―――――― 岩波書店刊 ――――――

定価は消費税 10％込です
2022 年 3 月現在

ISBN978-4-00-029890-2

C3341 ¥2800E

定価(本体2800円+税)

理工学で出会う問題の多くは理論計算で答えをだすことができない．そのような問題に対し，コンピュータで解く数値計算法が力を発揮する．数値の取り扱いや誤差について説明したあと，ニュートン法と非線形方程式への応用，連立1次方程式・数値積分・常微分方程式に対する数値計算法をアルゴリズムとともに解説する．